高等教育规划教材

化工原理实验

赵清华　谭怀琴　白薇扬　郭芳　编

化学工业出版社
·北京·

《化工原理实验》是化学工程与工艺、应用化学、过程装备与控制、生物工程、制药工程等专业的化工原理实验教材，全书共4章。第1章为绪论；第2章实验基础知识介绍了化工原理实验的基本要求、Origin处理数据示例以及实验数据的误差分析等；第3章实验部分包括演示实验、基础实验以及提高和研究型实验，每个实验包括实验目的、实验内容、实验原理、实验装置和流程、实验操作及注意事项、实验数据处理等内容，涵盖了化工原理实验教学大纲要求的所有实验项目；第4章重点介绍了化工常用仪表。

《化工原理实验》可作为高校化工、环境、生物工程等相关专业的教材，也可供相关专业技术人员参考。

图书在版编目（CIP）数据

化工原理实验/赵清华等编. —北京：化学工业出版社，2018.2
高等教育规划教材
ISBN 978-7-122-31249-5

Ⅰ. ①化… Ⅱ. ①赵… Ⅲ. ①化工原理-实验-教材
Ⅳ. ①TQ02-33

中国版本图书馆CIP数据核字（2017）第322868号

责任编辑：徐雅妮　　文字编辑：丁建华
责任校对：边　涛　　装帧设计：王晓宇

出版发行：化学工业出版社（北京市东城区青年湖南街13号　邮政编码100011）
印　　刷：北京京华铭诚工贸有限公司
装　　订：三河市瞰发装订厂
787mm×1092mm　1/16　印张 9¼　字数 211 千字　2018年5月北京第1版第1次印刷

购书咨询：010-64518888（传真：010-64519686）　售后服务：010-64518899
网　　址：http://www.cip.com.cn
凡购买本书，如有缺损质量问题，本社销售中心负责调换。

定　　价：25.00元

前言

本书与化工原理理论课教学紧密配合，注重基本概念、基本操作和工程能力的训练。全书分为4章，第1章为绪论。第2章实验基础知识，主要介绍了化工原理实验的基本要求、Origin处理数据示例以及实验数据的误差分析等，旨在结合计算机技术的发展，培养学生的数据处理及计算机应用能力。第3章为实验部分，主要介绍了雷诺实验、能量转化演示实验、流线演示实验、板式塔操作演示实验，流体流动、过滤、传热、精馏、吸收（解吸）、干燥、萃取等基础实验以及超临界CO_2萃取、喷雾干燥等拓展实验，在实验内容的安排上注重典型性和代表性，按照演示实验、基础实验和拓展实验的顺序编写，实现经典实验与学科前沿实验内容相结合、常规实验技术与现代实验技术相结合，以拓宽课程内容和学生的知识面。第4章主要介绍了化工原理实验和生产过程中常用的压力、流量、温度等测量仪表的基本原理和使用方法。附录部分提供了实验所需的物性参数。

本书从培养学生工程能力、创新思维和创新能力等目标出发，针对高等院校化工原理课程实验教学的实际需要和课程体系的基本要求，融合重庆理工大学及兄弟院校多年的实践教学经验和改革成果编写而成。本书可作为高等院校化学工程与工艺、应用化学、过程装备与控制、制药工程、生物工程等相关专业教材，也可供化工、石油、纺织、食品、医药、环境工程等领域从事科研、生产的技术人员参考。

本书由赵清华、谭怀琴、白薇扬、郭芳编写。在本书的前期策划和编写过程中，全学军等同事给予了指导以及热情的支持和帮助，在此表示感谢。

由于作者水平有限，欠缺之处，请读者批评指正。

编者

2018年1月15日

前言

2018年1月

目录

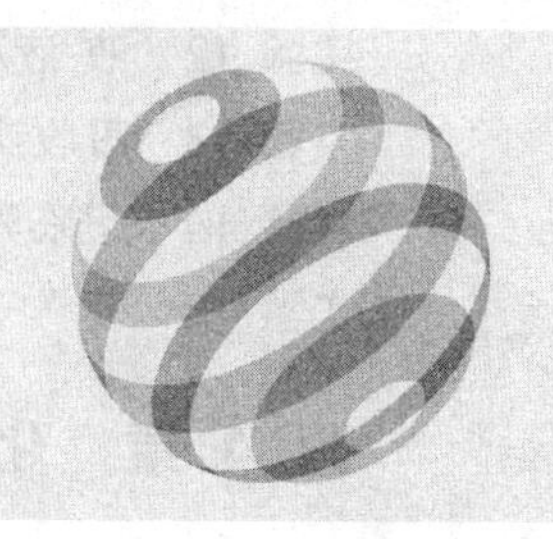

第 4 章　化工常用仪表 / 114

附录 / 126

参考文献 / 139

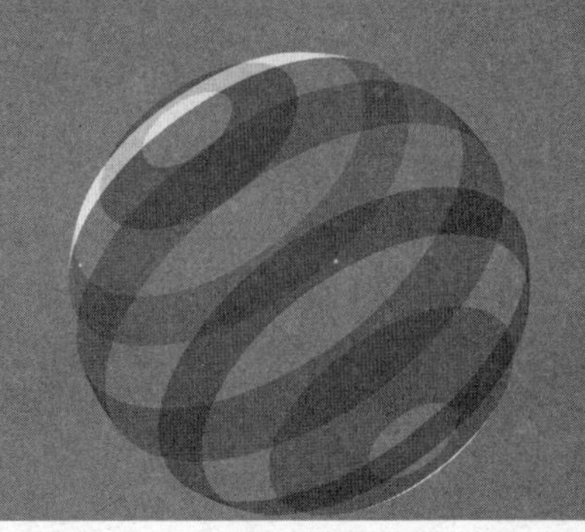

第1章 绪论

1.1 化工原理实验室规则

化工原理实验室是进行科学实验的场所，进入实验室需遵守如下规则：

① 必须以严肃认真的态度进行实验，不得迟到和早退、无故缺课，禁止在实验室内大声喧哗，不得进行与实验无关的事。

② 实验中爱护公共财物，严格遵守实验设备、仪器的操作规程。未做好预习，未全面弄清仪器设备使用前，不得运转，如因违反操作规程损坏仪器、设备者，应根据情节的轻重酌情赔偿。

③ 实验操作过程中，注意用电、气、高压钢瓶及有害药品的安全，并注意防火，实验室内严禁吸烟、使用明火，启动电器设备时，要防触电，注意电机有无异常声音。

④ 实验结束后，检查水源、电源、气源等是否已关断，将仪器设备恢复原状，进行清洁和整理，并将实验数据交指导老师签字，如发现有错误或不合格要重做。

1.2 化工原理实验的教学目的

化工原理实验是将化工原理理论与实践联系起来的重要环节，是理论课的重要辅助和补充，它验证了化工过程中的一些基本理论，是学习、掌握和应用化工原理这门课的必要手段。化工原理实验不同于其他基础课程的实验，属于工程实验范畴，是化工及相关学科的重要实验课。通过该教学环节对学生进行实验方法、实验技能的基本训练，着重培养学生独立组织、完成实验的能力以及严肃认真的实验态度，从而建立起工程概念，为将来从事科学研究与解决实际问题奠定良好的基础。

因此，通过化工原理实验应达到如下目的：

① 通过实验让学生进一步掌握、巩固和加深化工原理理论知识，验证化工单元过程的基本理论，运用理论分析实验过程及其现象。

② 熟悉实验装置的结构、流程、操作以及常用化工仪器仪表的使用。

③ 训练实际操作和掌握化工实验的基本技能，培养观察实验现象，测定化工参数，分析、整理实验数据和撰写工程实验报告的能力，进而分析、解决化工原理实验问题，得出较正确的结论，增强学生的工程观点，培养学生良好的科学实验能力。

④ 养成实事求是的科学态度，严谨的科学作风和爱护实验仪器、设备，热爱劳动的良好品德。

为达到上述目的，要求参加实验的学生必须严肃认真地对待实验教学中的每一个环节，认真预习，并按照实验教学的目的和内容，主动、积极、认真地进行实验操作准备，圆满完成实验项目。

第 2 章

实验基础知识

2.1 化工原理实验基本要求和相关知识

实验预习、实验操作、实验数据读取和记录、实验数据处理和讨论、撰写实验报告是完成化工原理实验必不可少的环节。只有掌握每个环节的相关知识并认真对待，才能真正通过实验提高实验技术。以下就各环节的相关知识和基本要求进行介绍。

2.1.1 实验预习

(1) 预习内容及相关要求

① 认真阅读实验教材，弄清实验目的、实验内容和要求。

② 根据实验目的和内容，弄清实验原理，分析需要测取哪些参数，估计实验数据的变化规律，研究实验的做法。

③ 仔细查看现场实验装置主体设备的基本构造、实验流程、仪表及其对应的测试点，了解测试仪器及使用方法，熟悉参数的调节点和调节方法，了解实验操作步骤。

④ 拟定实验方案，撰写预习报告。根据拟定的实验方案撰写预习报告，预习报告包括实验目的、实验原理、实验装置流程图和说明、实验操作和注意事项，设计并制作出原始数据记录表格。

(2) 预习报告相关要求

预习报告要求在理解的基础上简明扼要、条理清晰地将相关内容进行概括性地叙述，切忌照搬实验教材相关内容。预习报告部分的相关内容要求如下：

实验目的 对实验目的进行概括性的描述。

实验原理 简要说明实验所依据的基本原理，包括实验涉及的主要概念、重要公式及据此推算的重要结果，要求准确、充分。

实验装置流程图和说明 简要地画出实验装置流程示意图，包括主要设备示意图、主要仪表和阀门，用箭头注明各流股走向；各部分名称可直接在图上标注，也可在图上标号后注明；图序和图题置于图的下方；对实验流程进行简要的文字说明。

实验操作及注意事项 将操作过程按步骤进行编号并作简单明了的叙述。

注意事项应注明容易引起危险、损坏仪器仪表或设备以及一些对实验结果有较大影响的操作。

原始数据记录表格 要求以表格的形式记录原始数据，该表格内容需包括：所用装置编号，需记录的实验参数及操作现象（包括实验中的异常数据和异常现象）等，如表 2-1 普通套管换热器实验数据记录表所示。

表 2-1 普通套管换热器实验数据记录表

第____套装置，换热管内径 d ____ m；换热管长 l ____ m；蒸汽表压 p ____ MPa

项目 \ 序号	1	2	3	4	5	6
空气流量 $V_c/m^3 \cdot h^{-1}$						
空气进口温度 t_1/℃						
空气出口温度 t_2/℃						
蒸汽进口温度 T_1/℃						
蒸汽出口温度 T_2/℃						
备注						

需要说明以下几点：

① 该表格是原始数据记录表格，处理后的数据不能记录在此。

② 凡是影响实验结果或者整理数据过程中需要的数据必须测取。如操作条件、设备有关尺寸、大气压强、室温等。

③ 凡可以根据某一数据导出或从手册中查取的数据，不必直接测定。如流体的物性参数：密度、黏度、热导率等，一般只要测出温度即可查出。

④ 关于表格格式作如下要求：

- 表格格式要正规，简明扼要，方便阅读和使用。
- 每个表格上方都应写明表号和表题（表名），表号应按报告中出现的先后顺序进行编号。
- 表头应列出物理量名称、符号和计量单位。符号和计量单位之间用斜线“/”隔开。
- 物理量的数值较大或较小时，用科学计数法表示。

2.1.2 实验操作

① 实验操作开始前应熟悉实验装置和流程，检查所需设备、仪器是否齐全和完好。

② 实验操作是所有成员共同完成，实验过程中各成员要合理分工合作，既要严守自己岗位，又要关心整个实验的进行。

③ 实验过程中要随时观察仪表指示值的变动，保证操作过程在稳定条件下进行，出现不符合规律的现象应及时观察研究，分析其原因，不要随意放过。

④ 若操作过程中发生故障，应及时向指导老师报告，以便进行处理。

⑤ 实验结束后需恢复至设备的原始状态。

2.1.3 实验数据读取和记录

① 必须真实记录实验数据，即使是发现不合理的数据也要如实记录，然后再进行分

析讨论。

② 待设备运转正常、操作稳定（相邻两次读数十分相同或接近）后方可读取数据。变更操作条件时，由于仪表读数滞后，需稳定一段时间才读数。

③ 实验过程中，由于实验环境或电子仪表的不稳定，常遇到仪表数据波动的情况。此时，应首先设法减小波动；若波动不能完全消除，可取一次波动的最高点和最低点两个数据的平均值；若波动不大时可取一次波动的高、低点之间的读数来估计中间值。

④ 实验数据记录要反映仪表的精度。一般要记录到仪表最小分度以下一位数，该位数为估计值。

⑤ 同一条件下至少要读取两次数据，而且只有当两次读数相接近时才改变操作条件。每个数据记录后必须复核，以防读错或记错。

⑥ 实验过程中应注意观察各种现象，特别是发现某些不正常现象应研究其产生的原因，并在备注栏中注明。

⑦ 每个实验做完后，所记录的数据需经指导老师检查合格并在原始数据记录表上签字确认后，才可结束实验，将使用的仪器设备整理复原。实验数据若有短缺或不合理应补全或重做。

2.1.4　实验数据处理和讨论

实验测得的大量数据需经过进一步处理，以得到各变量之间的定量关系，用来分析实验现象、得出规律、指导生产与设计等。

实验数据处理和讨论也是实验报告中最重要的一部分，写报告时一般要求按如下程序进行：首先以其中一组数据为例将完整的处理过程详细列出，再将所有数据的处理结果进行合理的表达（具体过程不用写出），最后结合处理结果进行分析和讨论，并对思考题进行解答。以下就对各部分的相关要求和知识进行介绍。

2.1.4.1　数据处理过程示例

以其中一组实验数据为例，将数据处理的详细计算过程写出。有多组数据时要求同组的各组员选择不同的数据进行处理，数据处理时要注意以下几点：

① 数据处理应根据有效数字的运算规则进行（参见本书 2.3 实验数据的误差分析和有效数字），舍弃不必要的尾数，以便与测量仪表的准确度相一致。

② 运算中尽可能利用常数归纳法。如在流体力学实验中，计算不同流量下的雷诺数 Re 时，$Re=\frac{\rho u d}{\mu}=\frac{4\rho Q}{\pi\mu d}$，其中 π、μ、ρ、d 为定值（水温变化不大时），可令 $K=\frac{4\rho}{\pi\mu d}$，则 $Re=KQ$，可使计算大大简化，减少错误。

③ 引用的数据要说明来源，简化公式要有导出过程。

④ 有些参数波动较小，可按平均值进行处理。如流体力学实验中，水温可按平均水温处理。同样，传热实验中，蒸汽温度也可按平均温度处理。

2.1.4.2　数据处理结果

在其中一组数据的详细处理过程清楚后，其余数据即可按相同过程进行处理（一般用 Excel 或 Origin 进行相关计算，参见本书 2.2 Origin 处理数据示例），得到总的数据处理结果。在本部分，只需将所有数据处理结果表达出来即可，而处理过程不用写出。表达方式一般依次采用列表法、作图法和回归分析法，根据实验要求，也可只采用其中一种或几种形式表达，具体如下：

(1) 列表法

列表法是将所有数据的处理结果按自变量和因变量的关系列成计算结果数据表，具体可细分为中间运算表、最终结果表和误差分析表（表达实验值与理论值或参考值的误差范围）等，实验报告具体用到几个表，应根据具体实验情况而定。

中间运算表是记录数据处理过程的中间结果。使用该表可清楚表达中间计算步骤和结果，方便检查，如表 2-2 所示。

表 2-2　直管阻力的测定中间运算表

序号	水流量 $Q/m^3 \cdot h^{-1}$	流速 $u/m \cdot s^{-1}$	雷诺数 Re	直管压降 $\Delta p/kPa$	直管阻力 $h_f/J \cdot kg^{-1}$	阻力系数 λ
1						
2						
…						

最终结果表只需简明扼要地表达主要变量之间的关系和实验结论即可，如表 2-3 所示。

表 2-3　直管阻力的测定最终结果

序号	雷诺数 Re	阻力系数 λ	λ-Re 关系
1			
2			
…			

采用表格的形式表述数据处理结果，有利于观察物理量的变化规律，并且表格数据便于后续作图，实现图表结合。列表法的格式要求可参见本书 2.1.1 中原始实验数据记录的相关要求。

(2) 作图法

在列表法的基础上，进一步将整理得到的数据按因变量和自变量的依从关系标绘成曲线图，则是作图法。该法可直观清晰地看出数据中的极值点、转折点、周期性、变化率等，方便比较，并可根据所得图形进一步回归得到实验数据的经验公式，根据经验公式的常数可得到相关的物理量。准确的图形还可在不知数学表达式的情况下进行微积分运算，因此得到了广泛的应用。

图形可手工绘制，也可通过 Excel、Origin 等数据处理软件绘制（可参见本书 2.2 Origin 处理数据示例）。为了绘制准确、清晰、合理的图形，需注意以下几点：

① 坐标系的选择　常用的坐标系有直角坐标、单对数坐标（图 2-1）和双对数坐标（图 2-2）。

对数坐标是按坐标示值（变量值）的对数进行刻度的标注。如图 2-1、图 2-2 中坐标示值为 1、10、100、1000 时，对应的刻度值为 lg1＝0、lg10＝1、lg100＝2、lg1000＝3，

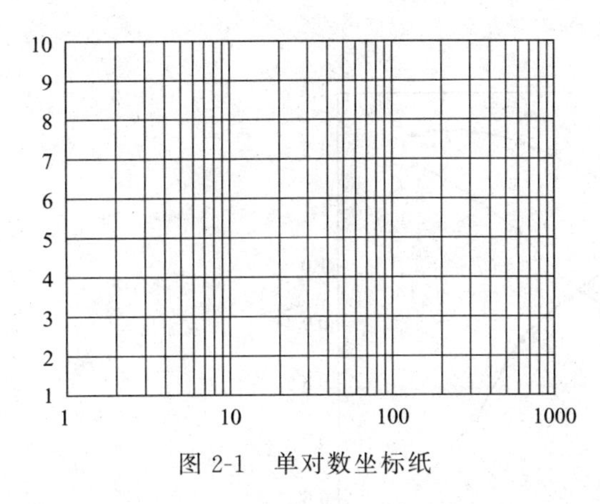

图 2-1　单对数坐标纸

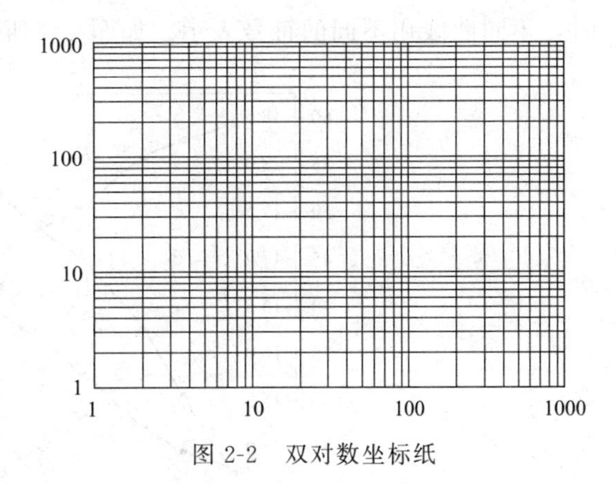

图 2-2　双对数坐标纸

可见对数坐标的刻度是不均匀的，坐标的原点也不是（0，0），而是（1，1）。

对数坐标系中，若直线上任意两点的变量值为（x_1，y_1）和（x_2，y_2），则该直线的斜率为：

$$k=\frac{\lg y_2-\lg y_1}{\lg x_2-\lg x_1}$$

在对数坐标中绘图可采用市售对数坐标纸，如图 2-1、图 2-2 所示。若有特殊要求，可以任选单位长度参照上述原理自行设计对数坐标。除常用对数外，也可取自然对数标注刻度。

坐标系的选取一般根据变量间的函数关系进行，原则是尽量使变量数据的函数关系接近直线，方便数据处理，具体如下：

- 直角坐标：变量间为线性关系形如 $y=ax+b$。
- 单（半）对数坐标：指数函数关系形如 $y=a^{bx}$，因 $\lg y$ 与 x 呈直线关系。
- 双对数坐标：幂函数关系形如 $y=ax^b$，因 $\lg y$ 与 $\lg x$ 呈直线关系。

另外，若自变量和因变量两者均在较大的数量级范围内变化，可用双对数坐标；若只是一个变量在较大数量级范围内变化，则可选择单对数坐标。

② 坐标分度值的选择　绘图时还应注意坐标分度值的选择。坐标分度（比例尺）是指坐标轴上单位长度（通常为 1cm）所代表的物理量的大小。其选择极为重要，原则是要能表示全部有效数字，方便读数和计算，并能充分利用图纸的全部面积，使全图布局均匀合理。如果选取不当，不仅会使图形失真，而且会得到错误的结论。一般按如下原则确定：在已知 x 和 y 的误差分别为 Δx、Δy 的情况下，比例尺的取法应使 $2\Delta x$、$2\Delta y$ 构成的矩形近似为正方形，并使 $2\Delta x=2\Delta y=1\sim2\text{mm}$，如已知温度误差为 0.05℃，则比例尺 $M_T=\frac{1\sim2\text{mm}}{0.1℃}=10\sim20\text{mm/℃}$，此时 1℃的坐标长度为 10～20mm。如坐标长度选择适当，则图形可清晰地表现变量间的变化关系，绘出的图形匀称、居中，全部实验数据都容易从图中读取。

③ 作图格式规范　一个完整的数据图应包括：图号，图名，X、Y 坐标轴及其代表的物理量，坐标刻度，带数据点的图线等要素；两坐标轴侧要标明变量符号、单位和分度值。变量符号和单位间用“/”分隔开。如流量可标注为“$Q/(\text{m}^3/\text{h})$”或“$Q/\text{m}^3\cdot\text{h}^{-1}$”；数据点应用符号（▼▲◆●等）标识，并根据趋势描绘成光滑的曲线。同一图上有多条曲线

时，不同曲线用不同的符号表示。如图 2-3 所示。

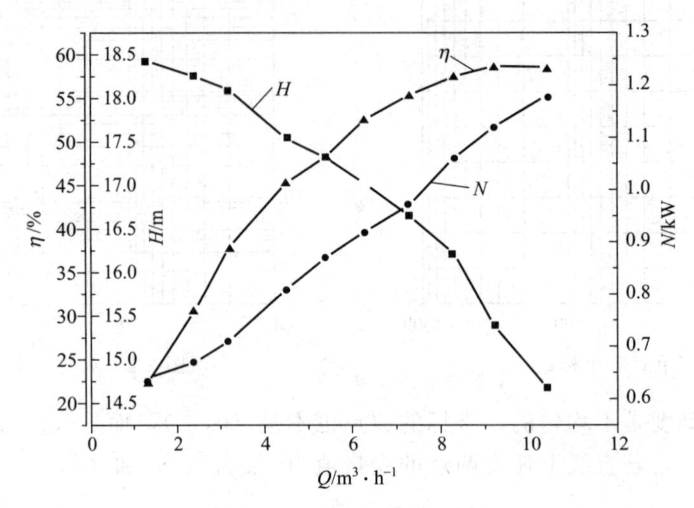

图 2-3　离心泵的特性曲线

（3）回归分析法/方程法

在化工原理实验中，除了用列表法和作图法表达变量间的关系外，还可将实验数据整理成方程式，亦即数学模型或经验公式，并进一步得到有关的变量值。其方法是：将根据作图法绘制的曲线，与已知的函数关系式的典型曲线进行对照选择并线性化，然后用图解法或回归分析确定函数式中的各种常数。所得函数表达式能否准确反映实验数据间的关系，还需通过检验确认。特别是计算机的普及应用，为回归分析提供了极大的方便。化工中常用的数据处理软件有 Excel、Origin 和 Matlab 等。Origin 软件处理化工原理实验数据的过程可参见本书 2.2 Origin 处理数据示例。

2.1.4.3　实验结果分析与讨论

结合实验结果对以下问题进行分析和讨论：

① 从理论上对实验所得结果进行分析和解释，说明其必然性。如果是验证型实验，还需将实验结果与理论结果进行对比，说明结果的异同，并解释原因。

② 对实验中的异常现象进行分析讨论。

③ 分析误差的大小和原因（见本书 2.3 相关内容介绍），讨论如何提高测量精度。

④ 分析本实验结果在生产实践中的价值和意义。

⑤ 对实验方法和装置提出改进等。

实验结果分析和讨论是实验报告中的点睛之笔，讨论的内容不必面面俱到，可重点深入某一两个方面。凡无实验讨论或对讨论敷衍者，其他部分做得再好都是一份不合格的实验报告。

2.1.4.4　思考题

结合实验结果对本书每个实验后的思考题进行解答。

2.1.5　实验报告的撰写

实验完成后要进行实验报告的撰写，实验报告的撰写不拘泥于一种形式，既可以用通用的实验报告格式书写，也可以小论文等形式表达。一份合格的实验报告要求简明扼要、条理清晰、数据完整、图表规范、结论正确、有讨论、有分析。通过撰写实验报告，使学生在数据处理、分析、归纳和解决实际问题方面的能力得到提高。

就通用的实验报告撰写格式而言，一份完整的实验报告除了包括实验名称、实验者、实验日期等基本信息外，还应包括以下几方面内容：①实验目的；②实验原理；③实验装置及流程；④实验操作及注意事项；⑤实验数据记录；⑥数据处理及讨论等，各部分的具体要求及知识前面已做相关介绍。

2.2 Origin 处理数据示例

Origin 是美国 Microcal 公司开发的具有强大功能的实验数据处理软件，具有数据分析和科学绘图两大类型的功能，它的数据分析功能包括数据的排序、计算、统计、曲线拟合等。Origin 绘图时，可在同一幅图上作出多条实验曲线，也可绘制多层图形，使用多个坐标轴；在存在多条曲线的情况下，可以选择不同线型，也可用不同的符号加以标记。以下通过几个实例加以介绍。

例2-1　对 $CaCO_3$ 悬浮液用板框压滤机进行恒压过滤实验，得到如表 2-4 恒压过滤实验测定计算结果所示的结果，试求此压力下的过滤常数 K 和 q_e。

表 2-4　恒压过滤实验测定计算结果

θ/s	50.3	84.2	122.3	163.4	207.9	254.2	300.9
$\overline{q}$/$m^3 \cdot m^{-2}$	0.01	0.03	0.05	0.07	0.09	0.11	0.13
$(\Delta\theta/\Delta q)$/$s \cdot m^{-1}$	1123	1396	1660	1869	2118	2289	2526

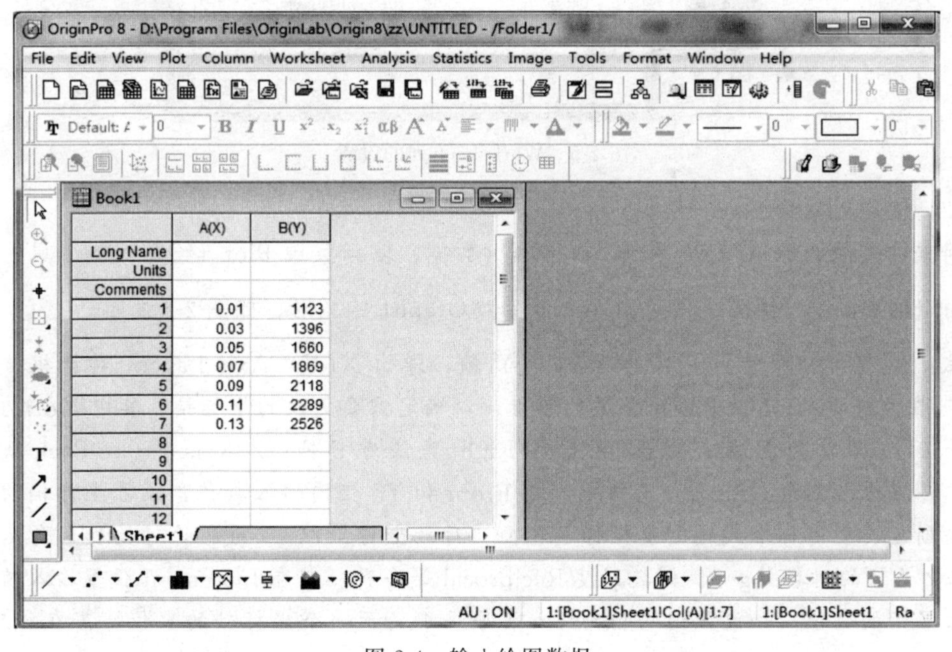

图 2-4　输入绘图数据

解： 根据$\frac{\Delta\theta}{\Delta q}=\frac{2}{K}\overline{q}+\frac{2}{K}q_e$，将$\frac{\Delta\theta}{\Delta q}$-$\overline{q}$作图得一直线，读取直线的斜率和截距可求得过滤常数 K 和 q_e，具体步骤如下所述：

(1) 启动 OriginPro 8.0 并输入数据

在“开始”菜单单击 OriginPro 8.0 图标，启动 Origin。启动后，Origin 自动给出名为 Book1 的工作表格，分别将 $\overline{q}$ 和 $\Delta\theta/\Delta q$ 的数据输入表格中的 A(X) 列和 B(Y) 列，见图 2-4。

注：1. 如表格列数不够，可激活 Book1 窗口，选择菜单命令 Column | Add New Columns.../按 Ctrl+D 快捷键。

2. 列的设置：双击 Worksheet 灰色表头区域，即弹出 Column Properties 对话框，如图 2-5 所示。可编写列所代表的物理量、符号及单位等。

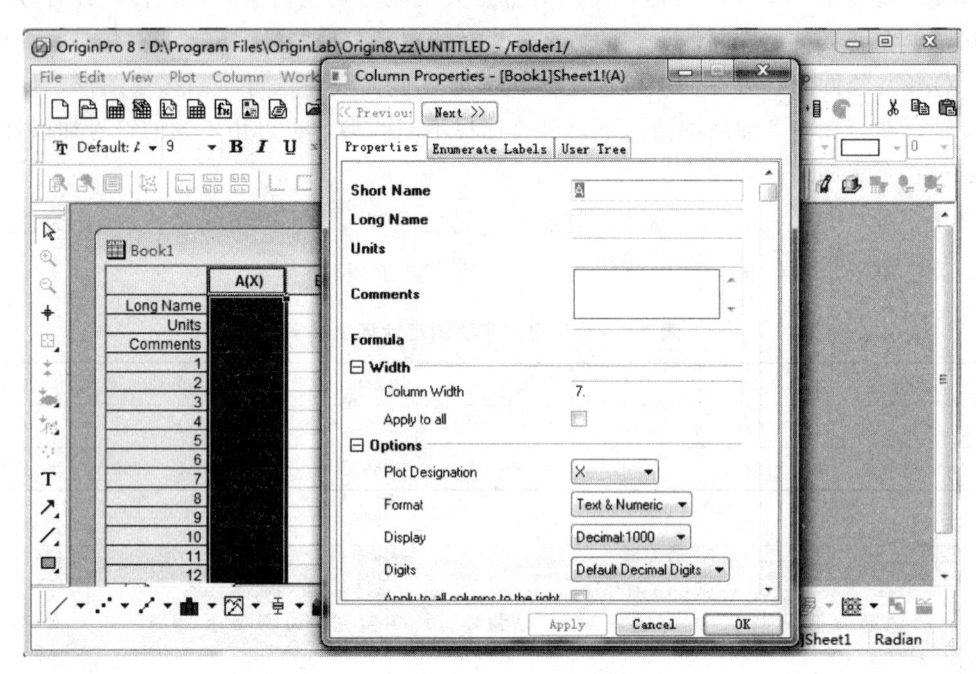

图 2-5　Worksheet 列的设置

(2) 使用数据绘图

用鼠标左键选中 A (X) 和 B (Y) 两列数据，使用菜单 Plot（绘图）或工具栏中的 Scatter（散点）绘图，便可出现一个名为 Graph1 的图形，如图 2-6 所示。

注：1. 坐标轴调整：①双击 X 轴或 Y 轴，弹出 X(Y) Axis-Layer$n$ 对话框，见图 2-7。可在左侧 Selection 中选择合适的图标，以确定需要更改的坐标轴。其中 Horizontal/Bottom/Top 默认为 X 轴；Vertical/Left/Right 默认为 Y 轴；Z Axis/Front/Back 默认为 Z 轴。②在坐标刻度（Scale）窗口中，在 From 和 To 栏内输入数值，设置坐标轴的数值范围。刻度类型有标准线性刻度坐标 Linear、对数坐标（以 10 为底的对数 lg，自然对数 ln，以 2 为底的对数 $\log_2$）、倒数刻度 Reciprocal 等多种。若在 Increment 位置输入值，决定轴上显示的数值。如设置递增值为 4，则每隔 4 显示一个坐标轴的数值。若在 # Major 位置输入值，Origin 将自动设置与之相近的主刻度标记的数量。在 # Minor 位置输入值，

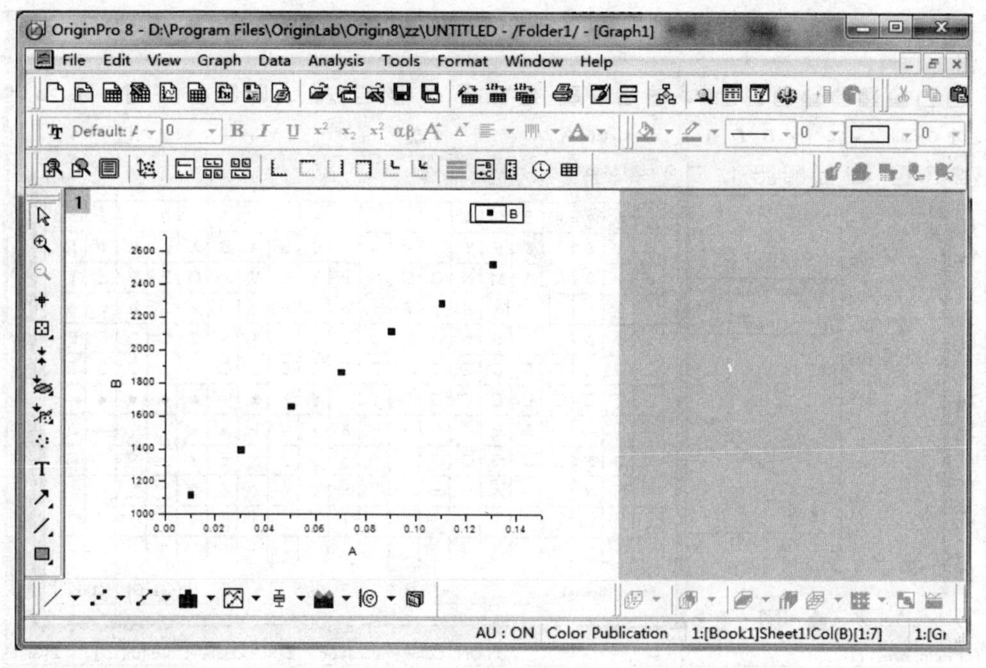

图 2-6　图形绘制

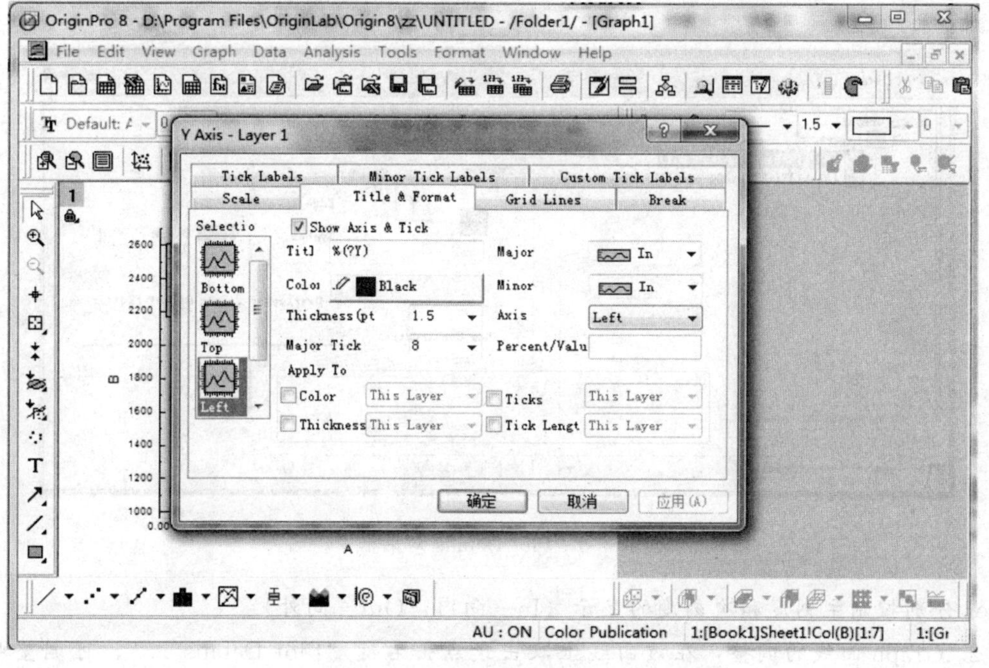

图 2-7　坐标轴设置对话框

设置两个主刻度之间的次级刻度标记的数量（注：注意刻度的合理性，如 increment 为 5，则 # Minor 处输入 4 比较合适，这样每个次级刻度代表 1）。③坐标轴标签的修改：双击坐标轴标签，在（Title&Format）窗口中，Title 可输入坐标轴标题，如有特殊字符输入，可双击坐标轴标题，单击右键，点击 Symbol Map（快捷键“Ctrl＋M”），打开 Symbol Map 符号库进行选择，如图 2-8 所示；Color 选择轴和刻度的颜色，Major 和

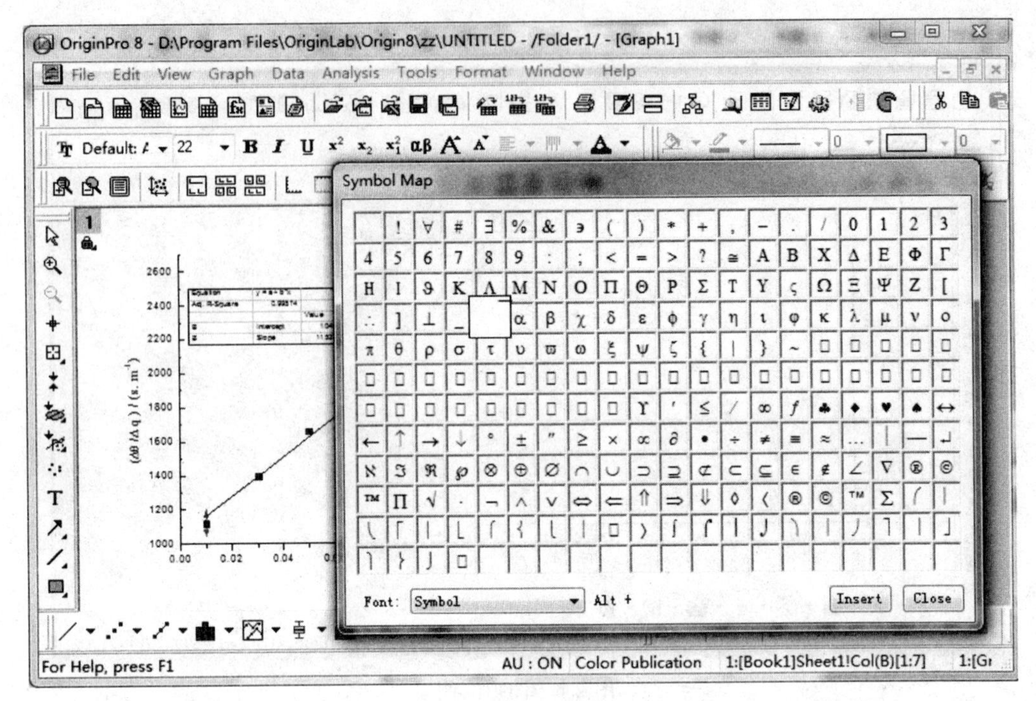

图 2-8 添加特殊符号

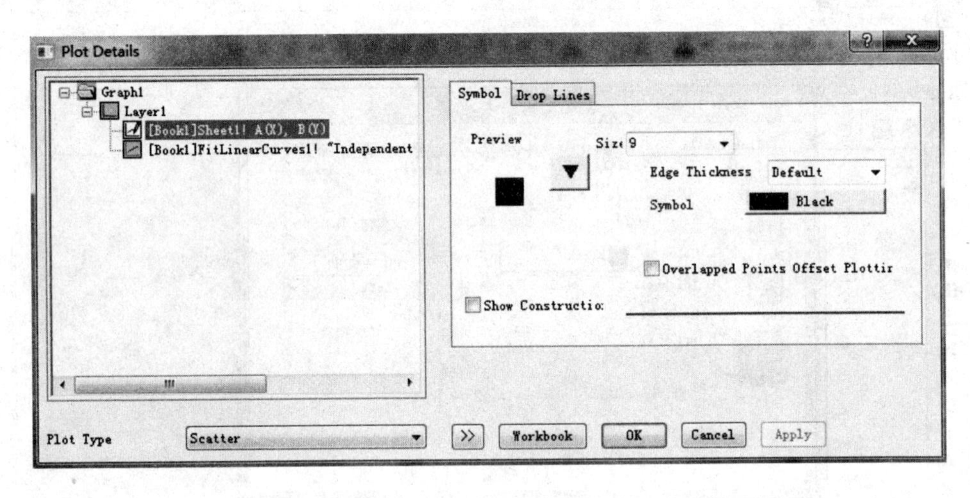

图 2-9 Plot Details 对话框

Minor 分别控制主刻度和次刻度的显示（In—向内，Out—向外）。

2. Graph 曲线的调整：在该曲线上双击或点击右键“Plot Details...”，可调整曲线的形式（Line、Scatter、Line+Symbol、Column/Bar）、符号和线的颜色、类型等，如图 2-9 所示。

(3) 回归分析

绘图后，激活 Graph1 窗口，选 Analysis（分析）菜单中的 Fitting \ Fit Linear（线性拟合）命令，进行线性回归分析，在 Graph1 窗口中出现的表格给出了回归结果，如图2-10 所示。该表格给出了回归参数（斜率 $b=11523.2$，截距 $a=1047.80$）及各自的标准误差

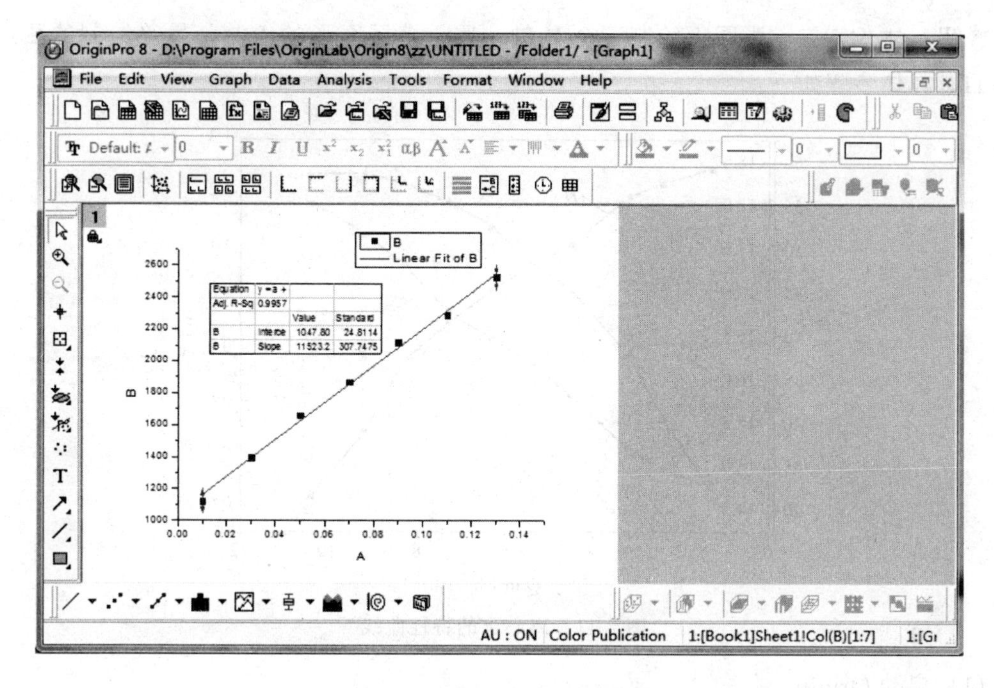

图 2-10　线性拟合结果及图形

(Error)、相关系数等。相关系数 R 反映了 x 和 y 的相关程度，R 的绝对值越接近 1，x 和 y 的相关程度越大。本例 $R^2=0.99574$，说明拟合结果很好。根据 $\frac{\Delta\theta}{\Delta q}=\frac{2}{K}\bar{q}+\frac{2}{K}q_e$，由 $\frac{2}{K}=11523.2$，可得 $K=1.73\times10^{-4}\,m^2/s$；由 $\frac{2}{K}q_e=1047.80$，可得 $q_e=0.0909m^3/m^2$。

(4) 文件保存和调用

将所绘图形格式调整规范后即可保存，方便打印和随时调用。只需点击“File”工具下相应的工具条即可，Origin 可将图形及数据保存为扩展名为“.OPJ”的文件。也可把所绘图形通过点击“Edit”工具下的“Copy Page”拷贝粘贴到其他编辑软件（如 Word）中。

例2-2　离心泵特性曲线的测定中，得到某转速下的数据如表 2-5 所示，请用三个 Y 轴绘制离心泵的特性曲线，并采用多项式回归这三条曲线。

表 2-5　离心泵特性曲线测定实验数据处理结果

$Q/m^3\cdot h^{-1}$	H/m	N/kW	$\eta/\%$
1.3	18.43	0.64	22.23
2.4	18.25	0.67	30.59
3.2	18.1	0.71	37.88
4.5	17.54	0.81	45.24
5.4	17.32	0.87	48.23
6.3	17.02	0.92	52.56
7.3	16.65	0.97	55.34
8.3	16.22	1.06	57.46
9.2	15.39	1.12	58.68
10.4	14.67	1.18	58.56

解：本例需在一张图上绘制三个 Y 轴，属于多层图形的绘制，最终绘制的图形见图 2-11，具体步骤如下：

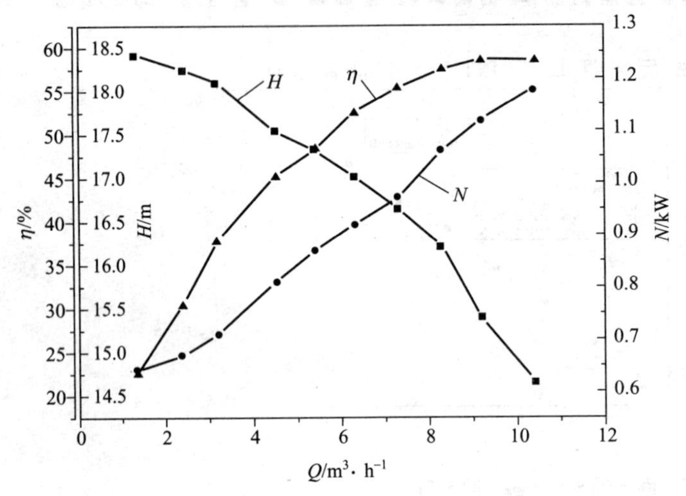

图 2-11　离心泵的特性曲线

(1) 启动 Origin。

(2) 在 WorkBook 中输入数据。

本例需输入四列数据，需增加工作表的列数，在 Book1 中按 Ctrl＋D 快捷键/点击鼠标右键/菜单中选择 Add New Column，使工作表增加到四栏。在工作表的 A(X)、B(Y)、C(Y)、D(Y) 中分别输入 Q、H、N、η 的数据。

(3) 使用数据绘图

① 绘制 H-Q 曲线　用鼠标选中 A(X)、B(Y) 的数据，使用菜单 Plot 或工具栏中 Line＋Symbol（线＋点）的命令绘图。

② 绘制 N-Q 曲线　新建图层：在图中坐标系以外的空白区域单击右键，选择“New Layer(Axis)→(Linked)Right Y”。此时将出现一个新的坐标系，其纵轴被放置在了右侧，同时左上角数字“1”旁出现了数字“2”。右键点击图层层标“2”，在弹出窗体“Layer Content”中选 A 列为 X 轴，C 列为 Y 轴，在该坐标系中绘制 Line＋Symbol，如图 2-12 所示。

③ 绘制 η-Q 曲线　按步骤②的方法，新建图层“3”，添加 η-Q 曲线。该曲线与图层“2” N-Q 的纵坐标重合在一起，不便于读数，所以需将这三条曲线作进一步调整。多个纵坐标的调整方法：选中相应的坐标轴，鼠标不放直接平移；或单击相应图层的坐标轴，点击右键，选择“Axis...”，在出现的对话框中，选择“Title & Format”标签，从左边的“Selection”列表中选择“Right”，并在“Axis”列表中选择“%From Right”，在“Pecent/Value”中输入纵坐标的移动量。经过以上操作，三条曲线即可显示各自的纵坐标，而横坐标公用。调整坐标轴，添加图例（Legend）和相关文字，保存工程文件，最后得到的特性曲线如图 2-11 所示。

④ 多项式回归　本例同一张图上有三条曲线，进行多项式拟合可得到形如“Y＝A＋B1 * X＋B2 * X^2＋B3 * X^3＋...”的回归式。选中相应曲线，选 Analysis（分析）菜单中的 Polynomial Regression（多项式拟合）命令，在“Order”栏中输入“2”（作 2 次曲线

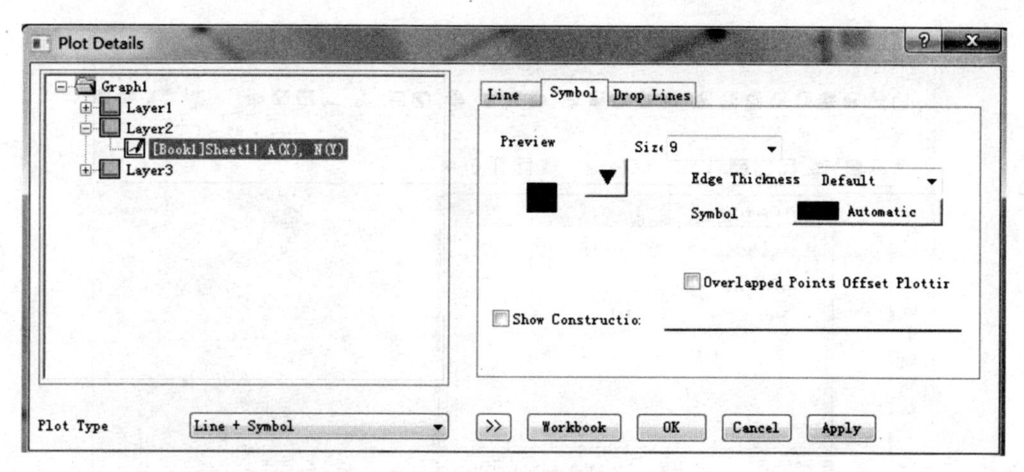

图 2-12　新建图层

拟合)，分别得到三条曲线的多项式回归式：$H=18.50-0.03785Q-0.0314Q^2$、$N=0.5526+0.05232Q+8.8523\times10^{-4}Q^2$、$\eta=10.4201+9.8720Q-0.5049Q^2$，相应的 R^2 分别为 0.9915、0.9939、0.9977，说明拟合结果很好。

例2-3 作图法求精馏塔的理论板数。

连续板式精馏塔中分离乙醇和水的混合液，其相平衡数据如附录二 1. 所示。料液中含乙醇 $x_F=0.058$，部分回流时得到的塔顶产品组成 $x_D=0.8$、塔底产品组成 $x_W=0.02$（以上均为乙醇的摩尔分数），进料温度 66.5℃，回流比 $R=2$，试用作图法求该精馏塔的精馏段和提馏段操作线理论板数及全塔的理论板数。

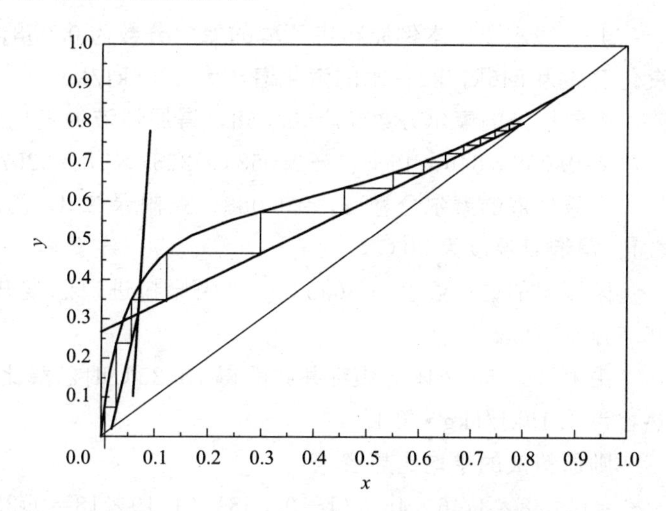

图 2-13　Origin 图解法求精馏理论板层数

解： Origin 图解结果见图 2-13，过程如下。

(1) 启动 OriginPro 8.0

(2) 在 WorkBook 中输入乙醇-水的相平衡数据，绘图，线型为“Line”

(3) 调整横纵坐标轴格式，绘制辅助对角线

(4) 绘制精馏段操作线

精馏段操作线在 y 轴上的截距为：$\dfrac{x_D}{R+1}=\dfrac{0.8}{2+1}=0.267$，并过点（0.8，0.8)，可先在图上绘一直线，双击该直线，在出现的 Object Properties 对话框的 Coordinates 窗口中，选 Units 为 Scale，将该直线的两端点输进去，点击“确定”，如图 2-14 所示。

(5) 绘制 q 线

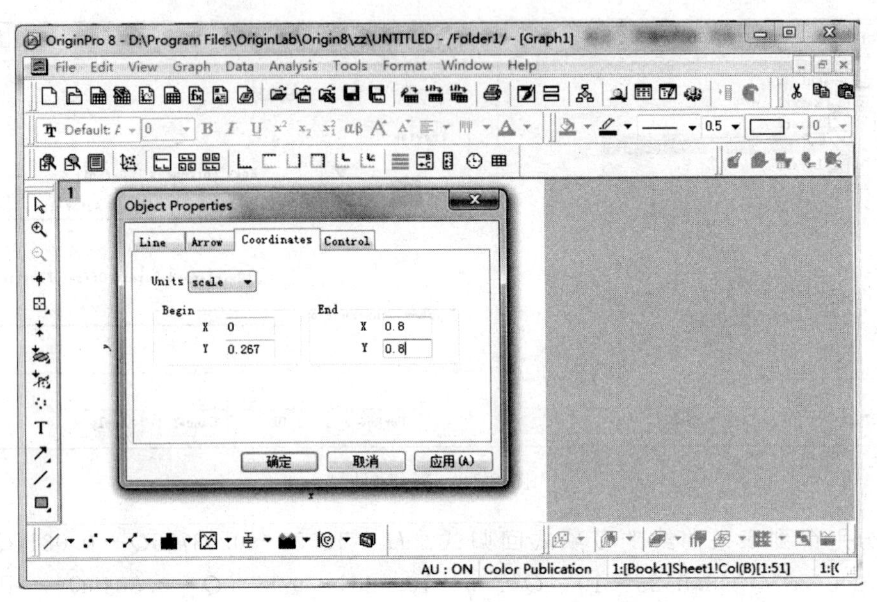

图 2-14 Origin 作图法绘制精馏段操作线

① q 线求取 本例原料中乙醇的摩尔分数为 0.058，温度为 66.5℃，该温度下乙醇的汽化潜热为 846kJ/kg，水的汽化潜热为 2258kJ/kg。

由原料液的摩尔分数 $x_F=0.058$，得原料液的汽化潜热为：

$$r_m=0.058\times846\times46+(1-0.058)\times2258\times18=2257.1+38286.6=40543.7\text{kJ/kmol}$$

由原料液的摩尔分数 $x_F=0.058$，查附录二 1. 乙醇-水溶液汽液平衡数据（摩尔分数），得泡点温度为 90℃。

因原料的进口温度为 66.5℃。则由原料进口温度升至泡点的平均温度为 $t_{平}=(90+66.5)/2=78.25$℃。

由附录一 5. 液体比热容共线图得 78.25℃时乙醇比热容为 3.46kJ/(kg·℃)，水的比热容为 4.19kJ/(kg·℃)。

则原料液的平均比热容

$$c_p=0.058\times3.46\times46+(1-0.058)\times4.19\times18=9.23+71.05=80.28\text{kJ/(kmol·℃)}$$

得原料液热状况参数 $q=\dfrac{c_{pm}\Delta t+r_m}{r_m}=\dfrac{80.28\times(90-66.5)+40543.7}{40543.7}=1.0465$

则可得 q 线方程为：$y=22.51x-1.247$

② 通过 Origin 绘制 q 线 需将 q 线方程绘制在同一张图上，方法如下：在 graph 窗口，在“Graph”菜单选择“Add Function Graph...”命令，打开 Plot Details 对话框，输入数学表达式，将曲线显示范围设为“From 0.6 To0.8”，单击“OK”即可将 q 线方程绘制在图中，如图 2-15 所示。

(6) 绘制提馏段操作线

可先在图上绘一直线（按住 Shift 可画水平或垂直直线），双击该直线，在出现的 Object Propertics 对话框的 Coordinates 窗口中，选 Units 为 Scale，将该直线的两端点输进去，点击“确定”。

该直线的一个端点为 (0.02，0.02)，另一端点为 q 线与精馏段操作线的交点，可通

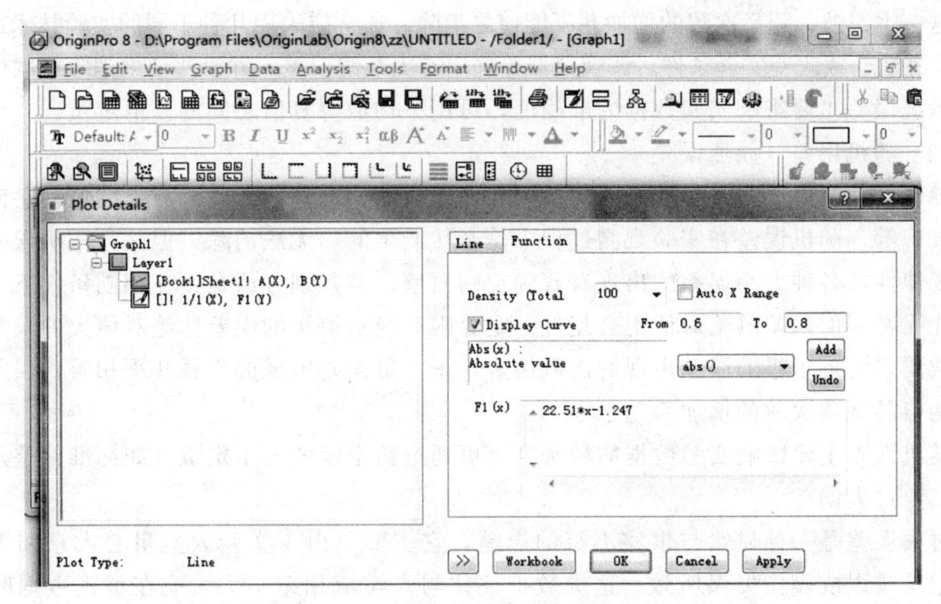

图 2-15　q 线方程的输入和设置窗口

过 Data Reader 获得。

（7）画梯级时直线技巧

① 按住 Shift 可画水平线或垂直线。

② 可结合数据读取工具画直线：屏幕读取工具，数据读取工具，数据选择工具，利用这些工具可以精确地读取数据。单击“Tools”工具栏中的按钮，拖动选择所需区域可将其放大，结合或读取曲线中的数据点或屏幕中任意点的坐标，这时将显示一个“数据显示”窗口，其中包含有该点的 X 和 Y 坐标值。

2.3　实验数据的误差分析和有效数字

由于各种原因，实验观测值和真值之间，总是存在一定的差异，在数值上即表现为误差。误差总是必然存在的，通过误差分析，可认清误差的来源及其影响，对测量结果的可靠程度作出判断，从而进一步改进实验方案，提高实验的精确度。

2.3.1　误差的来源及分类

误差按其性质和产生的原因，分为三类。

（1）系统误差

在相同条件下，多次测量同一物理量，误差的大小和符号保持恒定，此类误差称为系统误差。

造成系统误差的原因有：仪器不良，如仪表未校正、刻度不准等；实验控制条件不合格如温度、压力等偏离校准值；测量方法本身的限制；实验者的习惯和偏向，如读数偏高或偏低等。

这一类误差，测量次数的增加并不能使之消除。通常应采用几种不同的实验技术或不同的实验方法，或改变实验条件，调换仪器等确定有无系统误差，并设法使之消除或减少。

系统误差主要影响实验数据的准确度，可用平均值与真值之间的差值定量。

（2）随机误差（偶然误差）

随机误差是由一些不易控制的偶然因素而造成的误差，例如观测对象的波动、肉眼观测欠准确等。随机误差在实验观测过程中是必然产生的，无法消除。但是，随机误差具有统计规律性，各种大小误差的出现有着确定的概率。其判别方法是：在相同条件下，观测值变化无常，但误差的绝对值不会超过一定界限；绝对值小的误差比绝对值大的误差出现的次数要多，近于零的误差出现的次数最多，正、负误差出现的次数几乎相等；误差的算术平均值随观测次数的增加而趋于零。

随机误差主要影响实验数据的精密度，可通过精密度的大小定量（如标准偏差）。

（3）过失误差

过失误差是一种显然与事实不符的误差，它主要是由于实验人员粗心大意如读错数据、记录错误或操作失误所致。这类数据往往与真实值相差很大，应在整理数据时予以剔除。

2.3.2 实验数据的准确度与精确度

准确度指所测数值与真值的符合程度。如果观测数据的系统误差小则称观测的准确度高。精确度指所测数值重复性的大小，即在平均值附近的离散程度。如果观测数据的随机误差小则称观测的精确度高。可用打靶图说明，如图 2-16 所示表示三个射击手的射击成绩。图 2-16(a) 表示准确度不好而精确度好：图 2-16(b) 表示准确度好，精确度也好；图 2-16(c) 表示准确度和精确度都不好。

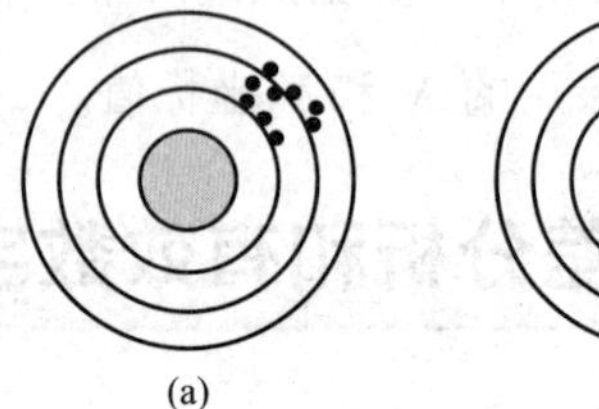
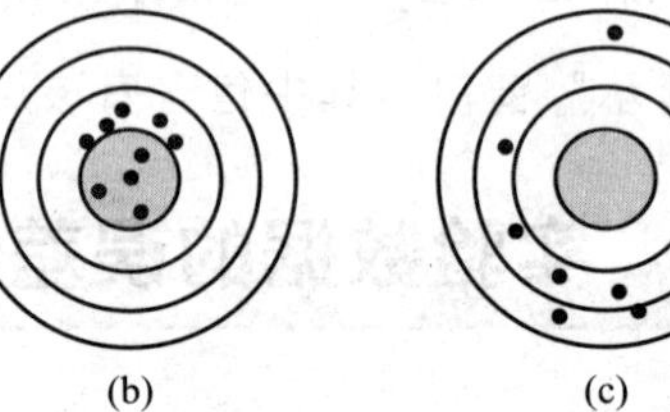
(a) (b) (c)

图 2-16 准确度和精确度的关系

科学实验研究时，应首先着眼于实验数据的准确度，其次考虑数据的精确度。

2.3.3 真值与平均值

真值是待测物理量客观存在的确定值。由于测量时不可避免存在一定误差，故真值是无法测得的。但经过细致地消除系统误差，进行无数次测定，测定结果的平均值可以无限接近真值。但实际中实验测定的次数总是有限的，由此得出的平均值只能近似于真值，称此平均值为最佳值。化工原理实验中常用的平均值有：

算术平均值：
$$\overline{x}=\frac{x_1+x_2+\cdots+x_n}{n}=\frac{\sum_{i=1}^{n}x_i}{n}$$

几何平均值：
$$x_c=\sqrt[n]{x_1x_2\cdots x_n}=\sqrt[n]{\prod_{i=1}^{n}x_i}$$

均方根平均值：
$$x_s=\sqrt{\frac{x_1^2+x_2^2+\cdots+x_n^2}{n}}=\sqrt{\frac{\sum_{i=1}^{n}x_i^2}{n}}$$

对数平均值：
$$x_m=\frac{x_1-x_2}{\ln\frac{x_1}{x_2}}$$

式中，x_i 为测量值；$i=1$，2，…，n，n 为测量次数。

不同方法求取的平均值，并不都是最佳值。平均值计算方法的选择，取决于一组观测值的分布类型。一般情况观测值的分布属于正态分布，这种类型的最佳值是算术平均值。因此选用算术平均值作为最佳值的场合是最为广泛的。

2.3.4 误差的表示法

(1) 绝对误差 d

在物理量的一系列测量中，某测量值与其真值之差为绝对误差。实际工作中以最佳值（即平均值）代替真值，测量值和平均值之差称为残余误差。习惯上也称为误差或绝对误差，可表示为：

$$d_i=x_i-X=x_i-\overline{x}$$

式中　d_i——第 i 次测量的绝对误差；

X——真值；

x_i——第 i 次测量值；

$\overline{x}$——多次测量的平均值。

若在实验中对物理量只进行一次测量，可根据测量仪器出厂鉴定书注明的误差，或以仪表最小刻度值的一半作为单次测量的绝对误差。化工原理实验中最常用的转子流量计、U 形压差计等仪表原则上均取其最小刻度值的一半作为绝对误差的计算值。

(2) 相对误差 E

为了比较不同测量值的精确度，以绝对误差的绝对值与真值（或近似用平均值）之比作为相对误差：

$$E=\frac{|d_i|}{X}\times100\%\approx\frac{|d_i|}{\overline{x}}\times100\%$$

式中　E——第 i 次测量的相对误差；

X——真值；

d_i——第 i 次测量的绝对误差；

$\overline{x}$——多次测量的平均值。

(3) 算术平均误差 δ

它是一系列测量值的绝对误差绝对值的算术平均值，是表示一系列测定值误差较好的方法之一。

$$\delta=\frac{\sum_{i=1}^{n}|d_i|}{n}=\frac{\sum_{i=1}^{n}|x_i-\overline{x}|}{n}$$

式中　δ——算术平均误差；

x_i——测量值，$i=1, 2, \cdots, n$；

$|d_i|$——第 i 次测量绝对误差的绝对值。

（4）标准误差 σ（均方误差）

有限次测量中，标准误差表示为：

$$\sigma=\sqrt{\frac{\sum_{i=1}^{n}d_i^2}{n-1}}=\sqrt{\frac{\sum_{i=1}^{n}(x_i-\overline{x})^2}{n-1}}$$

标准误差是目前表示精确度最常用的方法，说明在一定条件下一系列测量值中每一个测量值对其算术平均值的分散程度，它不仅与一系列测量值中的每个数据有关，而且对其中较大的误差和较小的误差敏感性很强，能较好地反映测量的精确度。实验数据的标准误差越小，测量越精确，测量的可靠性就越大。

除了以上误差的表示之外，还可用引用误差来表示仪表的测量精度。它是以量程内最大示值误差与满量程示值之比的百分值表示。可根据仪表的精度和最大量程，计算仪表的最大静态测量误差。如压力表的精度为 1.5 级，最大量程为 2.0MPa，该压力表静态时的最大测量误差为：$2.0\times1.5\%=3\times10^4$Pa。

2.3.5　有效数字及运算规则

（1）有效数字

在科学与工程中，经常遇到两类数字。一类是无单位的数字，例如圆周率 π 等，其有效数字位数可多可少，可根据需要来确定有效数字。另一类是表示测量结果有单位的数字，如流量、浓度、温度等。这类数字不仅有单位，而且它们的最后一位数字往往是由仪表的精度而估计的数字。例如精度为 1mm 的液位计，读得 123.6mm，则最后一位是估计的，是可疑数字。所以记录或测量数据时通常以仪表最小刻度后再保留一位有效数字。

有效数字的位数是从该数左方第一个非零数字算起到最后一个数字（包括零）的个数，它不取决于小数点的位置。如 0.0023m、0.23cm、2.3mm 都只有两位有效数字，与小数点的位置无关。

对于比较大或比较小的数值，一般采用科学计数法，采用小数与 10 的幂的乘积，乘号“×”之前的数字为有效数字。如 0.0068 记为 6.8×10^{-3}，有效数字为 2 位。

（2）有效数字的取舍

数据处理过程中，先根据有效数字位数的运算规则确定有效数字的位数，然后将其余的数字一律舍去。取舍的原则可简述为“四舍六入五奇进偶不进”，即要取舍的数字小于 5 时直接舍去；大于 5 时则在前一位进 1；等于 5 时，前一位为奇数，则进 1 为偶数，前一位为偶数，则舍去不计。

如保留三位有效数字时：2.342→2.34，2.346→2.35，2.345→2.34，2.375→2.38。

（3）有效位数的运算规则

① 加减运算时，各数所保留的小数点后的位数应与其中小数点的位数最少的相同，其和或差的位数应与其中最少的有效位数相同。

例如：23.64＋0.0076＋1.567，应写成 23.64＋0.01＋1.57＝25.22。

② 乘除运算时，各数所保留的位数以有效数字位数最少的为准；计算结果的有效数字位数亦应与原各数值中有效位数最少的那个数相同。例如：0.0136×16.76×2.56432，应写成 0.0136×16.8×2.56＝0.585。

③ 乘方及开方时，结果比原数据多保留一位有效数字，如：$11^2=121$，$\sqrt{15}=3.87$。

④ 对数运算时，取对数前后的有效数字位数应相等。如：lg3245＝3.5112，计算结果 3.5112 的首数“3”不是有效数字，尾数“5112”才是有效数字，与原数“3245”的有效数字位数相同，均为 4 位有效数字。

⑤ 计算平均值时，若为四个或超过四个数相平均，则平均值的有效数字位数可增加一位。

第3章

实验部分

实验1 雷诺实验

一、实验目的

（1）观察流体在圆管内作层流、过渡流、湍流的流动型态及流动过程的速度分布。

（2）测定出不同流动型态对应的雷诺数。

二、实验内容

通过控制水的流量，观察管内红线的流动型态来理解流体质点的流动状态，并分别记录不同流动型态下的流体流量值，计算出相应的雷诺数。

三、实验原理

流体在圆管内的流型可分为层流、过渡流、湍流三种状态，可根据雷诺数来予以判断。工程上一般认为，流体在直圆管内流动时，当 $Re \leqslant 2000$ 时为层流；当 $Re > 4000$ 时为湍流；当 Re 在 2000～4000 范围内时，则为不稳定的过渡状态，可能是层流，也可能是湍流，或是二者交替出现。本实验通过测定不同流型状态下的雷诺数来验证该理论的正确性。

根据雷诺数的定义：

$$Re = \frac{\rho u d}{\mu}$$

式中 ρ——流体密度，kg/m^3；

u——流体在管内的平均流速，m/s；

d——管子内径，m；

μ——流体黏度，Pa・s。

对于一定温度的流体，在特定的圆管内流动，雷诺数仅与流体流速有关。本实验就是通过改变流体在管内的流速（由转子流量计测定），以观察在不同雷诺数下流体的流动型态。

四、实验装置和流程

1. 实验装置和流程

如图 3-1 所示，高位槽 4 中的水依次经过测试管 5、流量调节阀 9 和转子流量计 10 后

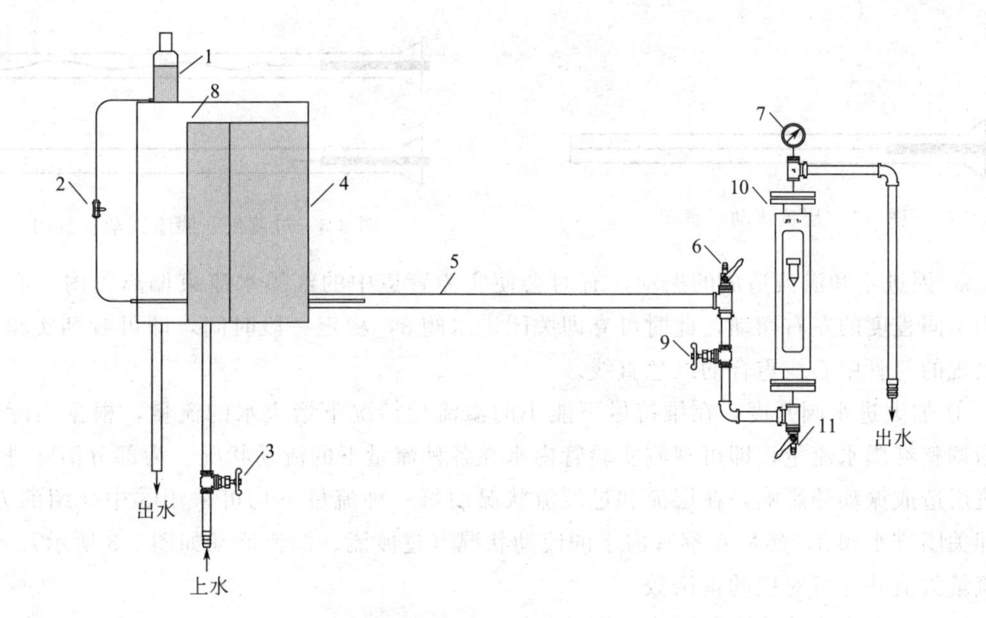

图 3-1　雷诺实验装置流程

1—下口瓶；2—调节夹；3—进水阀；4—高位槽；5—测试管；6—排气阀；7—温度计；8—溢流口；9—流量调节阀；10—转子流量计；11—排水阀

排出到排水沟。

下口瓶 1 中装有的示踪剂红墨水经由调节夹 2 调节流量后，通过注射针头注入测试管 5（注射针头位于测试管入口的轴线部位），然后经流量调节阀 9 和转子流量计 10 后排出。

2. 装置主要技术参数

实验主管路为 $\phi30\text{mm}\times2.5\text{mm}$，管道有效长度 $l=1000\text{mm}$。

五、实验操作及注意事项

1. 实验步骤

（1）实验前准备工作

① 向下口瓶中加入适量用水稀释过浓度适中的红墨水，调节调节夹使红墨水充满进样管。

② 观察细管位置是否处于管道中心线上，适当调整针头使它处于观察管道中心线上。

③ 关闭水流量调节阀、排气阀，打开进水阀、排水阀，向高位水箱注水，使水充满水箱并产生溢流，保持一定溢流量。

④ 轻轻开启水流量调节阀，使水缓慢流过实验管道，并让红墨水充满细管道。

（2）雷诺实验演示

① 在做好以上准备的基础上，调节进水阀，维持尽可能小的溢流量。

② 缓慢有控制地打开红墨水流量的调节夹，红墨水流束即呈现不同流动状态，红墨水流束所表现的就是当前水流量下实验管内水的流动状况（图 3-2 表示层流流动状态）。读取流量数值并计算出对应的雷诺数。

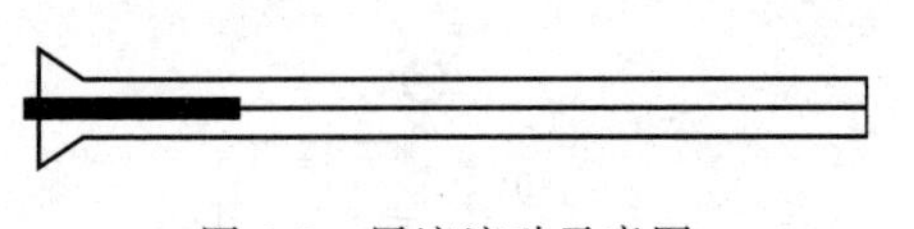

图 3-2 层流流动示意图

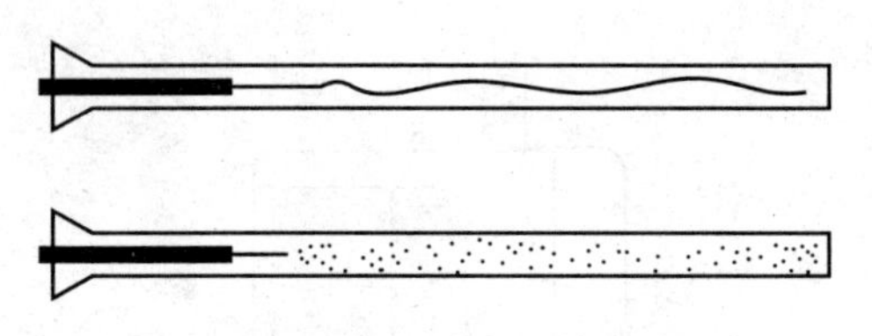

图 3-3 过渡流、湍流流动示意图

③ 因进水和溢流造成的振动，有时会使实验管道中的红墨水流束偏离管内中心线或发生不同程度的左右摆动，此时可立即关闭进水阀 3，稳定一段时间，即可看到实验管道中出现的与管中心线重合的红色直线。

④ 加大进水阀开度，在维持尽可能小的溢流量情况下增大水的流量，根据实际情况适当调整红墨水流量，即可观测实验管内水在各种流量下的流动状况。为部分消除进水和溢流所造成振动的影响，在层流和过渡流状况的每一种流量下均可采用③中介绍的方法，立即关闭进水阀 3，然后观察管内水的流动状况（过渡流、湍流流动如图 3-3 所示）。读取水流量数值并计算对应的雷诺数。

（3）圆管内流体速度分布演示实验

① 关闭进水阀、流量调节阀。

② 将红墨水流量调节夹打开，使红墨水滴落在不流动的实验管路中。

③ 突然打开流量调节阀，在实验管路中可以清晰地看到红墨水流动所形成的如图 3-4 所示的速度分布。

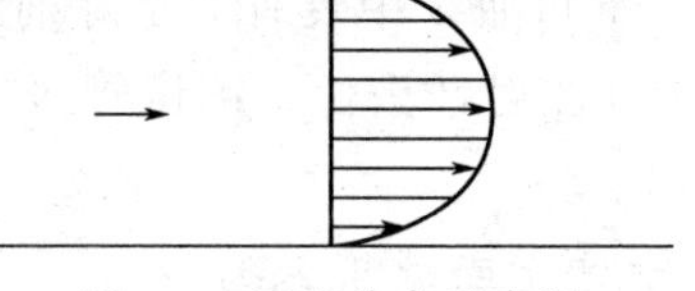

图 3-4 流速分布示意图

（4）实验结束操作

① 首先关闭红墨水流量调节夹，停止红墨水流动。

② 关闭进水阀，使自来水停止流入水槽。

③ 待实验管道中红色消失时，关闭水流量调节阀。

④ 如果日后较长时间不再使用该套装置，请将设备内各处存水放净。

2. 实验注意事项

演示层流流动时，为了使层流状况较快形成并保持稳定，请注意以下几点：①水槽溢流量尽可能小，因为溢流过大，进水流量也大，进水和溢流两者造成的振动都比较大，会影响实验结果；②尽量不要人为地使实验架产生振动，为减小振动，保证实验效果，可对实验架底面进行固定。

六、实验数据处理

1. 数据记录及处理表格（见表 3-1）

表 3-1 雷诺实验数据记录及处理表

序号	流量 /L·h^{-1}	流量 $q\times10^5$ /m^3·s^{-1}	流速 $u\times10^2$ /m·s^{-1}	雷诺数 $Re\times10^{-2}$	观察现象	流型
1						
2						
…						

2. 实验报告要求

根据实验现象，计算流型转变的临界雷诺数，并与理论值作比较，分析产生误差的原因。

实验 2　能量转化演示实验

一、实验目的

（1）演示流体在管内流动时静压能、动能、位能相互之间的转化关系，加深对伯努利方程的理解。

（2）通过能量之间变化了解流体在管内流动时流动阻力的表现形式。

（3）可直接观测到当流体经过扩大、收缩管段时，各截面上静压头的变化过程，形象直观，说服力强。

二、实验内容

（1）测量几种情况下的压头，并作分析比较。

（2）测定管中水的平均流速和点 C、D 处的点流速，并做比较。

三、实验原理

在实验管路中沿管内水流方向取 n 个过水断面。运用不可压缩流体的定常流动的总流伯努利方程，可以列出进口附近断面（1）至另一缓变流断面（i）的伯努利方程：

$$z_1+\frac{p_1}{\rho g}+\frac{u_1^2}{2g}=z_i+\frac{p_i}{\rho g}+\frac{u_i^2}{2g}+\sum H_{f,1-i}$$

式中，$i=2,3,4,\cdots,n$。

选好基准面，从断面处已设置的静压测管中读出测管压头 $z+\frac{p}{\rho g}$ 的值；通过测量管路的流量，计算出各断面的平均流速 u 和 $\frac{u^2}{2g}$ 的值，最后即可得到各断面的总压头 $z+\frac{p}{\rho g}+\frac{u^2}{2g}$ 的值。

四、实验设备和流程

1. 实验装置和流程

本实验装置主要由水箱、高位槽、测试套管、测压管及相应的流量计等组成（见图 3-5）。测试套管如图 3-6 所示，为一水平放置的变径圆管，沿程设了多处测压管。每处测压管由一对并列的测压管组成，分别测量该界面处的静压头和冲压头。

如图 3-5 所示，水泵将水箱 4 中的水经由进水阀 2 打入高位槽 5 中后，流经待测管路，由流量调节阀 9 调节流量后，循环流入水箱 4。流量由转子流量计 7 计量。

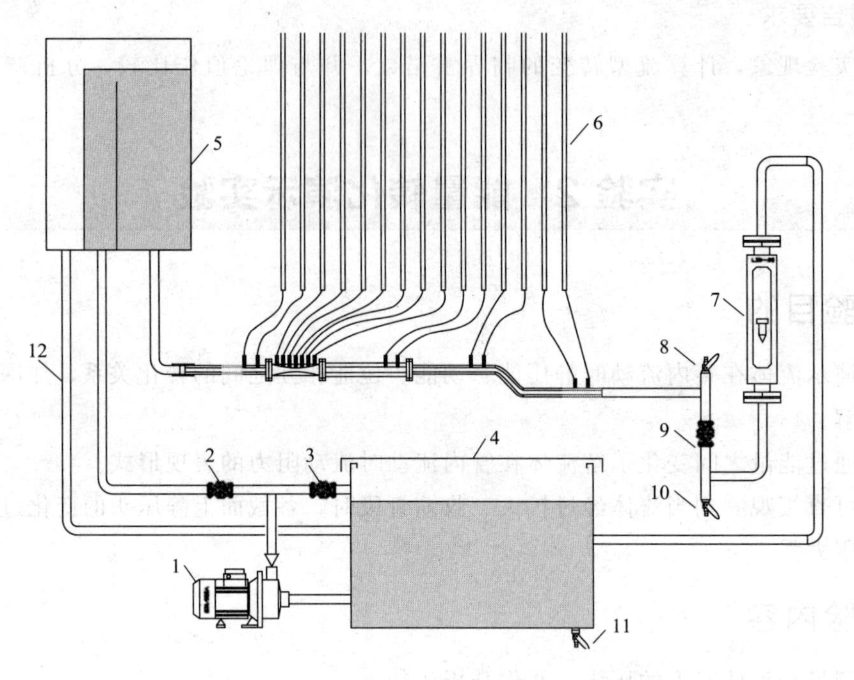

图 3-5　能量转化演示实验流程示意图

1—离心泵；2—进水阀；3—回水阀；4—水箱；5—高位槽；6—测压管；7—转子流量计；8—排气阀；9—流量调节阀；10,11—排水阀；12—溢流管

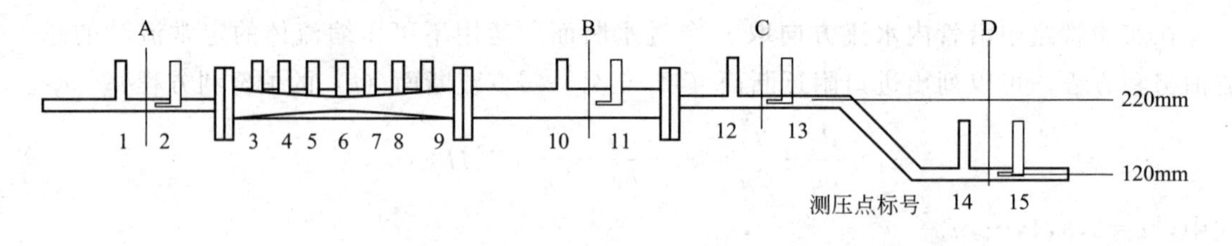

图 3-6　实验测试套管管路图

A 截面直径 14mm；B 截面直径 28mm；C、D 截面直径各 14mm。以标尺的零刻度为零基准面，A、B、C 截面中心距基准面 $Z_A=Z_B=Z_C=220$mm（即标尺为 220mm），D 截面中心距基准面 $Z_D=120$mm；A 截面和 D 截面间距离为 100mm

2. 实验装置主要技术参数（见表 3-2）

表 3-2　能量转化演示实验装置主要技术参数

序号	名称	规格(尺寸)	材料
1	主体设备离心泵	型号：WB50/025	不锈钢
2	低位槽	880mm×370mm×550mm	不锈钢
3	高位槽	445mm×445mm×730mm	有机玻璃

五、实验操作及注意事项

1. 实验步骤

（1）将低位槽灌入一定量的蒸馏水，关闭离心泵出口进水阀 2 及实验测试导管出口流量调节阀 9、排气阀 8、排水阀 10，打开回水阀 3 和循环水阀后启动离心泵。

（2）逐步开大离心泵出口进水阀 2，当高位槽溢流管有液体溢流后，利用流量调节阀 9 调节出水流量。稳定一段时间。

（3）待流体稳定后读取并记录各点数据。

（4）逐步关小流量调节阀，重复以上步骤继续测定多组数据。

（5）分析讨论流体流过不同位置处的能量转换关系并得出结论。

（6）关闭离心泵，结束实验。

2. 实验注意事项

（1）不要将离心泵出口进水阀 2 开得过大，以免使水流冲击到高位槽外面，导致高位槽液面不稳定。

（2）水流量增大时，应检查一下高位槽内水面是否稳定，当水面下降时要适当开大进水阀 2 补充水量。

（3）水流量调节阀 9 调小时要缓慢，以免造成流量突然下降使测压管中的水溢出管外。

（4）注意排除实验导管内的空气泡。

（5）离心泵不要空转和在出口阀门全开的条件下工作。

六、实验数据处理

1. 数据记录及处理表格（见表 3-3）

表 3-3　能量转化演示实验数据表

项目		流量/$L \cdot h^{-1}$		流量/$L \cdot h^{-1}$		流量/$L \cdot h^{-1}$	
序号	分类	压强测量值/mmH_2O	压头/mmH_2O	压强测量值/mmH_2O	压头/mmH_2O	压强测量值/mmH_2O	压头/mmH_2O
1	静压头						
2	冲压头						
3	静压头						
4	静压头						
5	静压头						
6	静压头						
7	静压头						
8	静压头						
9	静压头						

续表

项目		流量/L·h^{-1}		流量/L·h^{-1}		流量/L·h^{-1}	
序号	分类	压强测量值/mmH_2O	压头/mmH_2O	压强测量值/mmH_2O	压头/mmH_2O	压强测量值/mmH_2O	压头/mmH_2O
10	静压头						
11	冲压头						
12	静压头						
13	冲压头						
14	静压头						
15	冲压头						

注：$1mmH_2O=9.80665Pa$。

2. 实验报告要求

验证流体流动的机械能衡算方程：冲压头分析、同一水平面处静压头分析、不同水平面处静压头分析、压头损失分析、文丘里管段分析。

七、思考题

测压管的液位高度代表什么能？

实验3　流线演示实验

一、实验目的

（1）通过演示实验帮助学生进一步理解流体流动的轨迹及流线的基本特征。

（2）观察液体流经不同固体边界时的流动现象以及旋涡发生的区域和形态等流动图像。

二、实验内容

（1）带有气泡的流体经过逐渐扩大、稳流、单圆柱绕流、稳流、流线体绕流、直角弯道后流入循环水箱。

（2）带有气泡的流体经过逐渐缩小、稳流、转子流量计、直角弯道后流入循环水箱。

（3）带有气泡的流体经过逐渐扩大、稳流、孔板流量计、稳流、喷嘴流量计、直角弯道后流入循环水箱。

（4）带有气泡的流体经过逐渐扩大、稳流、多圆柱绕流、稳流、多圆柱绕流、直角弯道后流入循环水箱。

（5）带有气泡的流体经过45°角弯道、圆弧形弯道、直角弯道、45°角弯道、突然扩大、稳流、突然缩小后流入循环水箱。

（6）带有气泡的流体经过阀门形状、突然扩大、直角弯道后流入循环水箱。

三、实验原理

当流体经过固体壁面时，由于流体具有黏性，黏附在固体壁面上静止的流体层与其相邻的流体层之间产生摩擦力，使相邻流体层的流动速度减慢。因此在垂直于流体流动的方向上产生速度梯度 du/dy，有速度梯度存在的流体层称为边界层。

在化学工程学科中非常重视对边界层的研究。边界层概念的意义在于研究真实流体沿着固体壁面流动时，要集中注意流动边界层内的变化，它的变化将直接影响到动量传递、能量传递和质量传递。

在流体流过曲面，或者流体的流道截面大小或流体流动方向发生改变时，若此时流体的压强梯度 dp/dx（沿着流动方向的流体压强变化率）改变比较大，那么流体边界层将会与壁面脱离而形成旋涡，加剧了流体质点间的互相碰撞，造成流体能量的损耗。边界层从固体壁面脱离的现象称为边界层的分离或脱体。由此，可寻找到流体在流动过程中能量消耗的原因。同时，这种旋涡（或称涡流）造成的流体微团的杂乱运动并相互碰撞混合也会使传递过程大大强化。因此，流体流线研究的现实意义就在于可对现有流动过程及设备进行分析研究，强化传递，为开发新型高效设备提供理论依据，并为选择适宜的操作控制条件作出指导。

本演示实验采用气泡示踪法，可以把流体流过不同几何形状的固体中的流线、边界层分离现象以及旋涡发生的区域和强弱等流动图像清晰地显示出来。

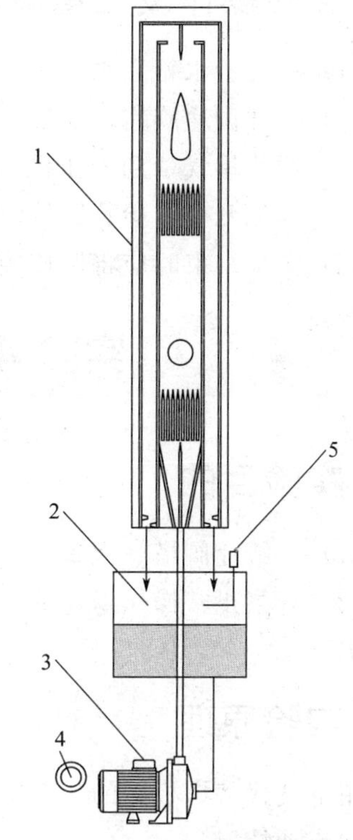

图 3-7 流线演示实验流程示意图

1—实验面板；2—实验水箱；3—水泵；4—调压旋钮；5—掺气旋钮

四、实验装置和流程

流线演示实验流程示意图见图 3-7、流线演示板（即实验面板）外形图见图 3-8。

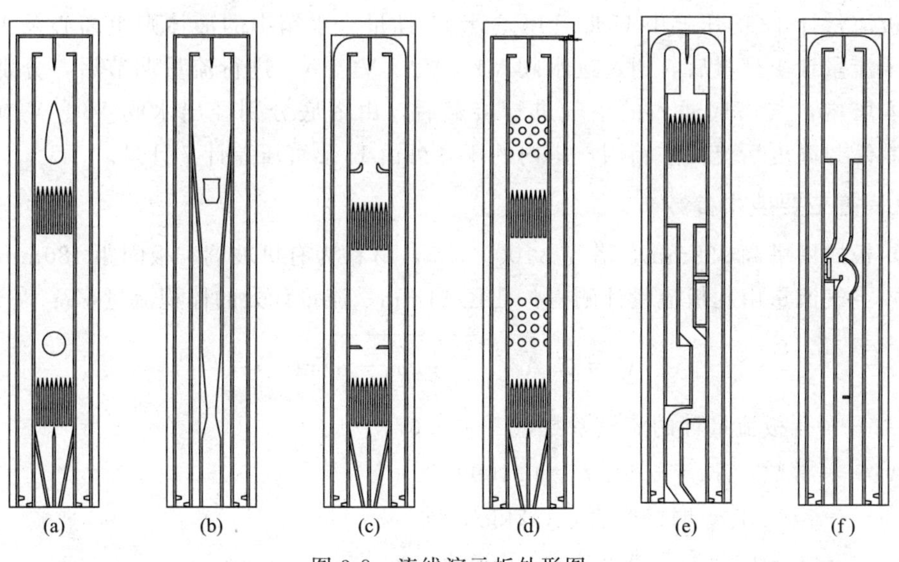

图 3-8 流线演示板外形图

五、实验操作及注意事项

（1）将实验水箱灌水至 1/2 处，接通电源。

（2）打开调速旋钮，在最大流速下使显示面两侧下水道充满水。

（3）调节掺气量到最佳状态（现象最清晰为最佳），观察实验现象。

（4）其他几个实验装置的流线演示，均按上述要求进行操作，仔细观察不同流线。

（5）实验结束时应将调速旋钮关闭后切断总电源。

实验 4　板式塔操作演示实验

一、实验目的

（1）了解浮阀塔、泡罩塔、舌形塔和筛板塔上气、液两相的流动情况。

（2）观察正常操作以及雾沫夹带和漏液等流体力学现象，从而加强对板式塔操作的感性认识。

二、实验原理

用空气代替塔板上的上升蒸汽，用水代替塔板上的冷凝液，模拟板式塔中气、液两相接触和流动情况。

三、实验装置和流程

1. 装置介绍

板式塔由筛板、浮阀、泡罩、舌形塔组成，其实验流程如图 3-9 所示。

如图 3-9 所示，空气由旋涡气泵 8 经过旁路调节阀 V13 进行流量调节、孔板流量计 12 计量后输送到每个板式塔塔底，各塔的空气流量由进气阀 V5、V6、V7、V8 分别控制，孔板流量计 12 的压差由 U 形管压差计 11 计量。水箱中的液体则由离心泵 10 输送，经过转子流量计 1 计量后，通过进水阀 V1、V2、V3、V4 进行流量调节后，分别由各塔塔顶进入塔内，与塔底通入的空气进行接触后，由塔底分别经出水阀 V9、V10、V11、V12 控制液封高度后流回水箱内。塔内的压降可由 U 形管压差计 7 计量。

2. 实验装置主要技术参数

（1）板式塔塔高 920mm，塔径 $\phi 100\times 5.5$，材料为有机玻璃，板间距 180mm。

（2）空气流量由孔板流量计测得：孔径 14mm，流量计处的体积流量 V_0：

$$V_0=C_0A_0\sqrt{\frac{2gR}{\rho}(\rho_A-\rho)}\ \mathrm{m^3/s}$$

式中　C_0——孔板流量计的流量系数，$C_0=0.67$；

A_0——常数，$A_0=\pi/4\times d_0^2=0.1099$；

ρ——空气在 t_0 时的密度，1.2kg/m³；

$\rho_A-\rho$——水密度与空气密度之差，1000kg/m³；

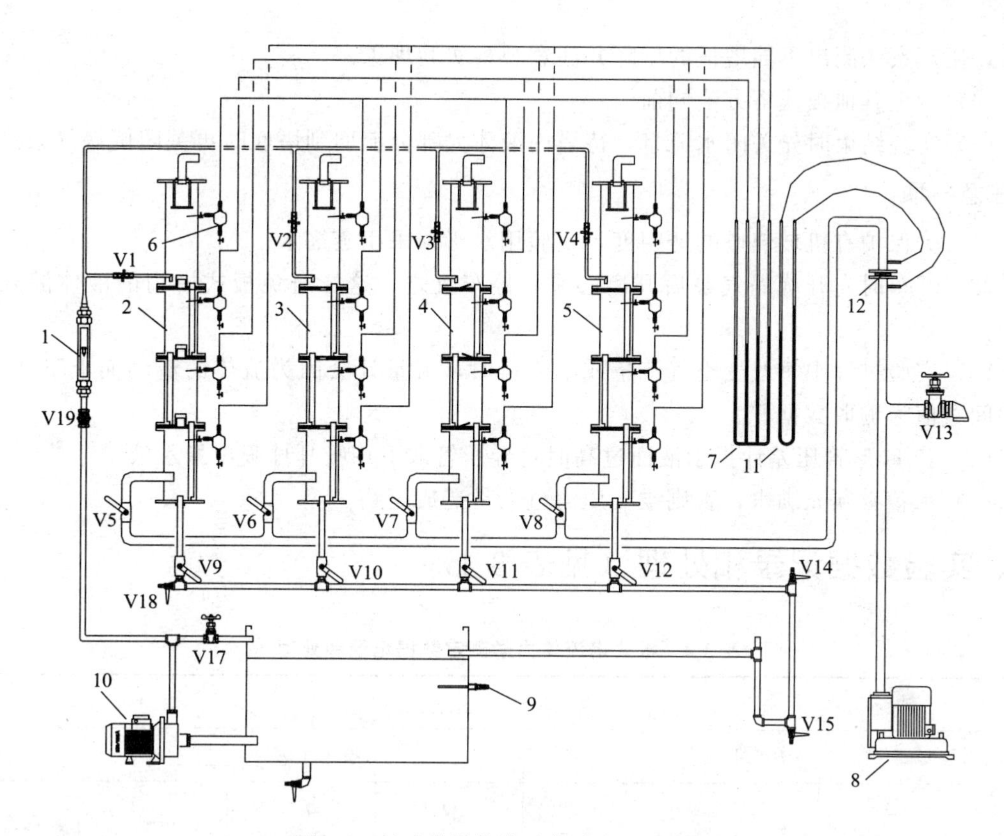

图 3-9 板式塔操作演示实验流程示意图

1—转子流量计；2—泡罩塔；3—浮阀塔；4—舌形塔；5—筛板塔；6—气液分离瓶；7—U 形管压差计；8—旋涡气泵；9—温度计；10—离心泵；11—孔板流量计 U 形管压差计；12—孔板流量计；V1、V2、V3、V4—进水阀；V5、V6、V7、V8—进气阀；V9、V10、V11、V12—出水阀；V13—空气旁路调节阀；V14—放气阀；V15、V18—放液阀；V16—水箱放液阀；V17—水旁路调节阀；V19—流量调节阀

R——U 形管压差，mm。

(3) 水流量由流量计测量：测量范围 16～160L/h。

(4) 塔板负荷性能图见图 3-10。

AB 为液沫夹带线，空气流量 0.620～0.450m^3/h；

BD 为最大液相线，液体流量 100L/h；

CD 为漏液线，空气流量 0.316m^3/h；

AC 为最小液相线，液体流量 10L/h。

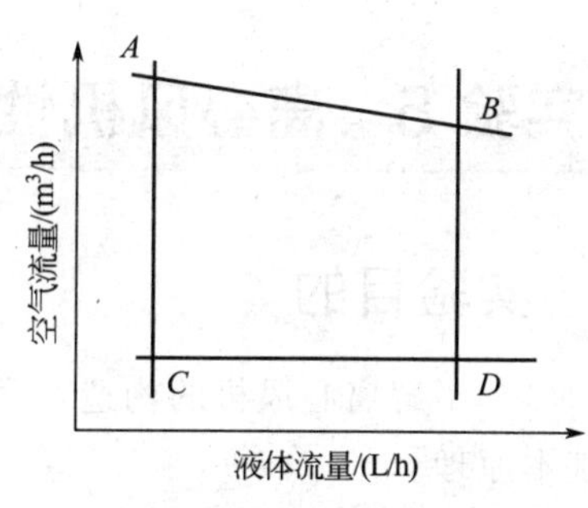

图 3-10 塔板负荷性能图

四、实验操作及注意事项

1. 实验步骤

(1) 首先向水槽内放入一定数量的蒸馏水，将空气旁路调节阀 V13 放置开的位置，将离心泵流量调节阀 V19 关上。

(2) 将所需要测定的塔阀门打开，关闭其他板式塔的阀门后启动旋涡气泵。可以改变不同空气流量分别测定四块塔板的干板压降。

(3) 启动离心泵将转子流量计打开，调节液体流量到适当位置，分别改变空气、液体流量，用观察法测出不同塔板的压降并注意观察实验现象。

（4）测定其他板式塔方法同前。

（5）实验结束时先关闭水流量，待塔内液体大部分流回到塔底时再关闭旋涡气泵。

2. 注意事项

（1）为保护有机玻璃塔的透明度，实验用水必须采用蒸馏水。

（2）开车时先开旋涡气泵后开离心泵，停车反之，这样避免板式塔内的液体灌入风机中。

（3）实验过程中每改变空气流量或水流量时，流量计会因为流体的流动而上下波动，取中间数值为测取数据。

（4）若 U 形管压差计指示液面过高时将导压管取下用吸耳球吸出指示液。

（5）水箱必须充满水，否则空气压力过大易造成短路。

五、实验数据记录和处理（见表 3-4）

表 3-4　板式塔流体力学测定数据记录和处理

塔板类型：____________

序号	$L=0$L/h			喷淋时，$L=$________ L/h			
	Q /$m^3\cdot h^{-1}$	$\Delta p/z$ /$mmH_2O\cdot m^{-1}$	u /$m\cdot s^{-1}$	Q /$m^3\cdot h^{-1}$	$\Delta p/z$ /$mmH_2O\cdot m^{-1}$	u/$m\cdot s^{-1}$	现象
1							
2							
…							

实验 5　离心风机性能测定、流化床及旋风分离器实验

一、实验目的

（1）了解离心风机的构造，掌握风机操作和调节方法。熟悉风机性能测定装置的结构与基本原理。

（2）掌握孔板流量计、皮托管流量计的测量原理，并通过测定压差计算气体流量。

（3）测定风机在恒定转速情况下的特性曲线并确定该风机最佳工作范围。

（4）直观地观测到固体颗粒在旋风分离器内流动状况。测定旋风分离器内径向压力。

二、实验原理

1. 皮托管流量测量

流速 u_r 的计算：

$$u_r=C_0\sqrt{\frac{2\Delta p}{\rho}}$$

$$Re_{max}=\frac{d\rho u_{max}}{\mu}$$

$$u_b=0.83u_r$$

$$Q=u_bA$$

式中 u_r——实验管中心流速，m/s；

C_0——孔流系数，无量纲；

Δp——皮托管两端处的压降，Pa；

u_b——实验管平均流速，m/s；

A——管道横截面积，m^2；

Q——风机的流量，m^3/s。

2\. *H* 的测定

在风机的吸入口和压出口之间列伯努利方程

$$Z_入+\frac{p_入}{\rho g}+\frac{u_入^2}{2g}+H_T=Z_出+\frac{p_出}{\rho g}+\frac{u_出^2}{2g}+H_{f入-出}$$

$$H_T=(Z_出-Z_入)+\frac{p_出-p_入}{\rho g}+\frac{u_出^2-u_入^2}{2g}+H_{f入-出}$$

式中，$H_{f入-出}$是泵的吸入口和压出口之间管路内的流体流动阻力项，与伯努利方程中其他项比较，$H_{f入-出}$值很小，故可忽略。$Z_出-Z_入=0$，$p_入=0$，$A_入=\infty$，$u_入=0$，于是上式变为：

$$H_T=\frac{p_出}{\rho g}+\frac{u_出^2}{2g}$$

将测得的 $p_出$ 值以及计算所得的 $u_出$ 代入上式即可求得 H_T的值。

3\. *N* 的测定

功率表测得的功率为电动机的输入功率。由于风机由电动机直接带动，传动效率可视为1，所以电动机的输出功率等于风机的轴功率。即：

风机的轴功率 N=电动机的输出功率，kW

电动机的输出功率=电动机的输入功率×电动机的效率

则：风机的轴功率=功率表的读数×电动机效率，kW

4\. η 的测定

$$\eta=\frac{N_e}{N}$$

$$N_e=\frac{p_TQ}{1000}$$

式中 η——风机的效率；

N——风机的轴功率，kW；

N_e——风机的有效功率，kW；

p_T——全风压，N/m^2。

三、实验装置和流程

1. 装置介绍

离心风机性能测定、流化床及旋风分离器实验流程示意图见图 3-11。

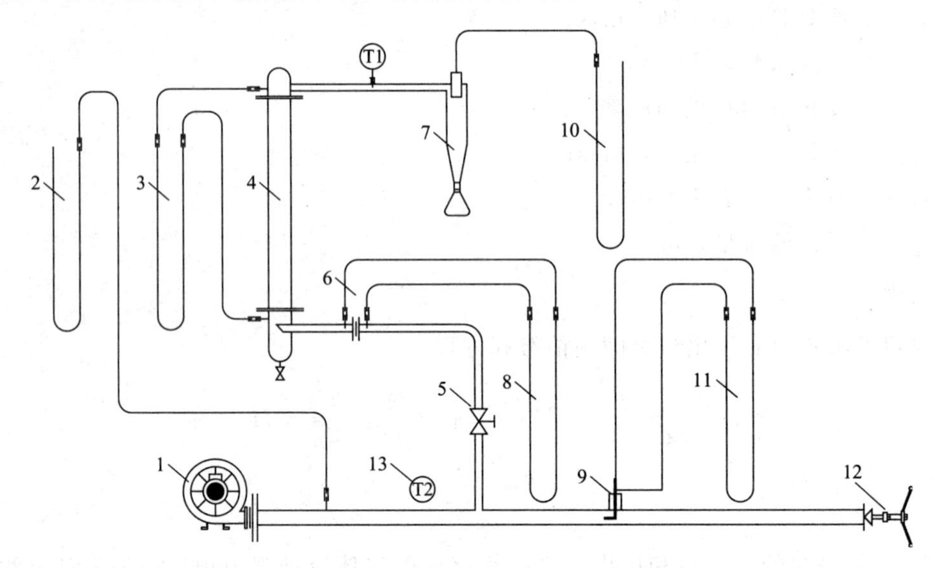

图 3-11　离心风机性能测定、流化床及旋风分离器实验流程示意图

1—离心风机；2—风机出口压力 U 形管压差计；3—流化床床层压降 U 形管压差计；4—流化床；5—流化床进气阀；6—孔板流量计；7—旋风分离器；8—孔板流量计 U 形管压差计；9—皮托管流量计；10—旋风分离器压力 U 形管压差计；11—皮托管 U 形管压差计；12—风流量调节阀；13—温度计

本装置主要由流化床、旋风分离器、离心风机以及配套的皮托管及 U 形管压差计等组成。

离心风机 1 将空气经流化床进气阀 5 送入流化床 4 的底部，经分布板分布后与固体颗粒接触，从流化床顶部进入旋风分离器 7 进行气固分离后气体排出，颗粒收集于旋风分离器内。空气流量由孔板流量计 U 形管压差计 8 计量。

2. 实验装置主要技术参数

（1）设备参数

① 鼓风机型号 CZR-L80，电机功率为 0.55kW；

② 风机入口为常压；

③ 风机出口管内径 $d_2=0.086$m；

④ 风机入口与风机出口测压位置之间的垂直距离 $h_0=0.0$m；

⑤ 实验管路 $d=0.086$m；

⑥ 电机效率为 60%；

⑦ 流化床直径 75mm（玻璃材料）；

⑧ 旋风分离器直径 $D=60$mm。

（2）流量测量

风机性能测定设备采用皮托管流量计测量流量（流量系数 $C_0=1.09$）

流化床设备采用孔板流量计测量流量（孔板孔径＝0.035m，流量系数 C_0＝0.65）

（3）功率测量

功率表：型号 PS-139，精度 1.0 级。

（4）风机出口压力的测量（采用 U 形管压差计）

（5）流化床压差的测量（采用 U 形管压差计）

风机向实验管路送风，当使用风机性能测定系统时，分别测定流体流量、进口压力和风机的输入功率。当使用流化床压力测定系统时，测量流化床流量及压降。流程示意图见图 3-11。

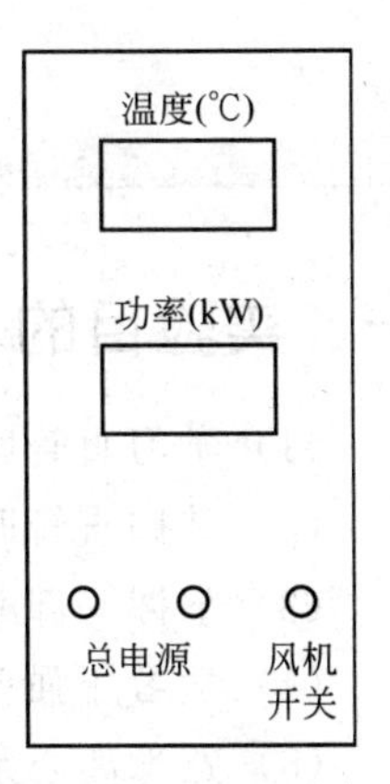

图 3-12　离心风机性能测定、流化床及旋风分离器实验装置仪表面板图

3. 实验装置仪表面板图（如图 3-12 所示）

四、实验操作及注意事项

1. 实验步骤

（1）启动实验装置总电源，接通风机的电源启动风机。

（2）当使用风机性能测定系统时，先将流化床进气阀 5 关闭。用风流量调节阀 12 调节流量，分别测定流体流量、出口压力和风机的输入功率。

（3）当使用流化床压力测定系统时，将阀门 5 打开，分别测定流体流量（孔板流量计 6 测定）、床层压降。

（4）用 U 形管压差计 10 测定旋风分离器径向压力。

2. 注意事项

（1）该装置电路采用五线三相制配电，实验设备应良好地接地。

（2）当使用风机性能测定系统时，务必将阀门 5 关闭。

五、实验数据记录和处理（见表 3-5，表 3-6）

表 3-5　离心风机性能测定实验数据记录

空气温度________℃；空气密度 ρ＝________kg·m^{-3}；黏度 μ＝________Pa·s

序号	皮托管压力/mmH$_2$O	出口压力/mmH$_2$O	电机功率/kW	流速 u/m·s^{-1}	流量 Q/m^3·h^{-1}	压头 H_T/m	泵轴功率 N/W	η/%
1								
2								
…								

表 3-6　流化床 Δp-u 关系测定

流化床直径 D＝0.075m

序号	流化床压降/mmH$_2$O	流化床压降/Pa	孔板流量计压差读数/mmH$_2$O	空气流量/m^3·h^{-1}	流速/m·s^{-1}	观察现象
1						
2						
…						

实验6　流体力学综合实验

一、实验目的

（1）学习直管摩擦阻力、直管摩擦系数 λ 的测定方法。

（2）掌握直管摩擦系数 λ 与雷诺数 Re 和相对粗糙度之间的关系及变化规律。

（3）掌握局部摩擦阻力、局部阻力系数 ζ 的测定方法。

（4）学习压强差的几种测量方法和提高其测量精确度的一些技巧。

（5）熟悉离心泵的操作方法。

（6）掌握离心泵特性曲线和管路特性曲线的测定方法、表示方法，加深对离心泵性能的了解。

（7）了解、掌握离心泵串、并联实验。

二、实验内容

（1）测定直管阻力，并得到 λ 随 Re 和相对粗糙度的变化关系；

（2）测定管件、阀件等处的局部阻力，并得到局部阻力系数 ζ；

（3）测定恒定转速下单台离心泵特性曲线；

（4）测定并联泵、串联泵（装置二）的特性曲线；

（5）测定管路特性曲线；

（6）校正孔板流量计。

三、实验原理

1. 直管阻力的测定：摩擦系数 λ 与雷诺数 Re 的关系

流体在管道内流动时，由于流体的黏性作用和涡流的影响会产生阻力。流体在水平直管中流动时，流动阻力的大小与管长、管径、流体流速和管道摩擦系数有关，它们之间存在如下关系：

$$h_{\mathrm{f}}=\frac{\Delta p_{\mathrm{f}}}{\rho}=\lambda\ \frac{l}{d}\times\frac{u^2}{2} \tag{3-1}$$

由式(3-1) 可得

$$\lambda=\frac{2d}{\rho l}\times\frac{\Delta p_{\mathrm{f}}}{u^2} \tag{3-2}$$

又

$$Re=\frac{du\rho}{\mu} \tag{3-3}$$

式中　d——管径，m；

Δp_{f}——直管阻力引起的压强降，Pa；

l——管长，m；

ρ——流体的密度，kg/m^3；

u——流速，m/s；

μ——流体的黏度，$N\cdot s/m^2$。

由式(3-2) 可计算出不同流速下的直管摩擦系数 λ，用式(3-3) 计算对应的 Re，从而整理出直管摩擦系数 λ 和雷诺数 Re 的关系，在双对数坐标系中绘出 λ 与 Re 的关系曲线。

本实验装置中，直管段管长 l 和管径 d 都已固定。若水温一定，则水的密度 ρ 和黏度 μ 也是定值。所以本实验实质上是测定直管段流体阻力引起的压降 Δp_f 与流速 u（流量 V_s）之间的关系。

2. 局部阻力系数ζ的测定

当流体流过局部的管件或阀件时，会产生局部阻力损失：

$$h'_f=\frac{\Delta p'_f}{\rho}=\zeta\frac{u^2}{2} \tag{3-4}$$

由式(3-4) 可得：

$$\zeta=\left(\frac{2}{\rho}\right)\times\frac{\Delta p'_f}{u^2} \tag{3-5}$$

式中　ζ——局部阻力系数，量纲为一；

$\Delta p'_f$——局部阻力引起的压降，Pa；

h'_f——局部阻力引起的能量损失，J/kg。

水在一定管道内流动时，实验测出一定流量下流体流经管件或阀件所产生的压降，即可由式(3-5) 得到 ζ。

3. 离心泵特性曲线测定

离心泵是最常见的液体输送设备。在一定的型号和转速下，离心泵的扬程 H、轴功率 N 及效率 η 均随流量 Q 而改变。通常通过实验测出 H-Q、N-Q 及 η-Q 关系，并用曲线表示之，称为特性曲线。特性曲线是确定泵的适宜操作条件和选用泵的重要依据。泵特性曲线的具体测定方法如下：

(1) H 的测定

在泵的吸入口和排出口之间列伯努利方程

$$Z_{入}+\frac{p_{入}}{\rho g}+\frac{u_{入}^2}{2g}+H=Z_{出}+\frac{p_{出}}{\rho g}+\frac{u_{出}^2}{2g}+H_{f,入-出} \tag{3-6}$$

则有：

$$H=(Z_{出}-Z_{入})+\frac{p_{出}-p_{入}}{\rho g}+\frac{u_{出}^2-u_{入}^2}{2g}+H_{f,入-出} \tag{3-7}$$

式中，$H_{f,入-出}$是泵的吸入口和压出口之间管路内的流体流动阻力，与伯努利方程中其他项比较，$H_{f,入-出}$值很小，故可忽略。于是上式变为：

$$H=(Z_{出}-Z_{入})+\frac{p_{出}-p_{入}}{\rho g}+\frac{u_{出}^2-u_{入}^2}{2g} \tag{3-8}$$

将测得的（$Z_{出}-Z_{入}$）和 $p_{出}-p_{入}$ 值以及计算所得的 $u_{入}$、$u_{出}$ 代入上式，即可求得 H。

(2) N 的测定

功率表测得的功率为电动机的输入功率。由于泵由电动机直接带动，传动效率可视为1。即：

$$N=N_{电}\ \eta_{电}\ \eta_{传}=N_{电}\ \eta_{电} \tag{3-9}$$

式中 N——泵的轴功率，kW；

$N_{电}$——电机的输入功率，kW；

$\eta_{传}$——传动效率，可视为1；

$\eta_{电}$——电动机效率。

（3） η 的测定

$$\eta=\frac{N_{e}}{N} \tag{3-10}$$

其中：

$$N_{e}=\frac{HQ\rho g}{1000}=\frac{HQ\rho}{102} \tag{3-11}$$

式中 η——泵的效率；

N_{e}——泵的有效功率，kW；

H——泵的扬程，m；

Q——泵的流量，m^3/s；

ρ——水的密度，kg/m^3。

4. 管路特性曲线测定

当离心泵安装在特定的管路系统中工作时，实际的工作压头和流量不仅与离心泵本身的性能有关，还与管路特性有关，即在液体输送过程中，泵和管路二者相互制约。

管路特性曲线是指流体流经管路系统的流量与所需压头之间的关系。若将泵的特性曲线与管路特性曲线在同一坐标上作图，两曲线交点即为泵在该管路的工作点。因此，如同通过改变阀门开度来改变管路特性曲线，从而求出泵的特性曲线一样，可通过改变泵转速来改变泵的特性曲线，从而得出管路特性曲线。

在管路一定的情况下，通过改变离心泵的频率调节流量，测定管路特性曲线：$H_{e}=f(Q_{e})$。其中，管路所需的扬程：

$$H_{e}=H=(Z_{出}-Z_{入})+\frac{p_{出}-p_{入}}{\rho g}+\frac{u_{出}^{2}-u_{入}^{2}}{2g} \tag{3-12}$$

5. 串、并联泵的特性曲线测定

在实际生产中，当单台离心泵不能满足输送任务要求时，可采用几台离心泵加以组合。离心泵的组合方式原则上有两种：串联和并联。

并联操作：设将两台型号相同的离心泵并联操作，而且各自的吸入管路相同，则两台泵的流量和压头必相同，也就是说具有相同的管路特性曲线和单台泵的特性曲线。在同一压头下，两台并联泵的流量等于单台泵的两倍，但由于流量增大使管路流动阻力增加，因此两台泵并联后的总流量必低于上述值（原单台泵流量的两倍）。由此可见，并联的台数越多，流量增加得越少，所以三台泵以上的泵并联操作，一般无实际意义。

串联操作：将两台型号相同的泵串联工作时，每台泵的压头和流量也是相同的。因此，在同一流量下，串联泵的压头为单台泵的两倍，但实际操作中两台泵串联操作的总压头必低于单台泵压头的两倍。应当注意，串联操作时，最后一台泵所受的压力最大，如串联泵组台数过多，可能会导致最后一台泵因强度不够而受损坏。

将两台相同的离心泵经过串联或并联组合后，组合泵的特性曲线可通过单台泵的特性曲线经变换得到。具体来说：并联泵的特性曲线可通过单台泵的特性曲线在 H 不变时 Q 增倍获得；串联泵的特性曲线可通过单台泵的特性曲线在 Q 不变时 H 增倍获得。

6. 流量计性能的测定

流体通过节流式流量计时在上、下游两取压口之间产生压强差，它与流量的关系为：

$$Q_V = C_0 A_0 \sqrt{\frac{2(p_{上} - p_{下})}{\rho}} \tag{3-13}$$

式中　Q_V——被测流体（水）的体积流量，m^3/s；

C_0——流量系数，无量纲；

A_0——流量计节流孔截面积，m^2；

$p_{上}-p_{下}$——流量计上、下游两取压口之间的压强差，Pa；

ρ——被测流体（水）的密度，kg/m^3。

用涡轮流量计作为标准流量计来测量流量 Q_V，每一个流量在压差计上都有一对应的读数，将压差计读数 Δp 和流量 Q_V 绘制成一条曲线，即流量标定曲线。同时利用上式整理数据可进一步得到 C_0-Re 关系曲线。

四、实验装置和流程

1. 实验装置一

流体力学综合实验装置一流程图如图 3-13 所示。本实验装置主要由循环水箱、离心

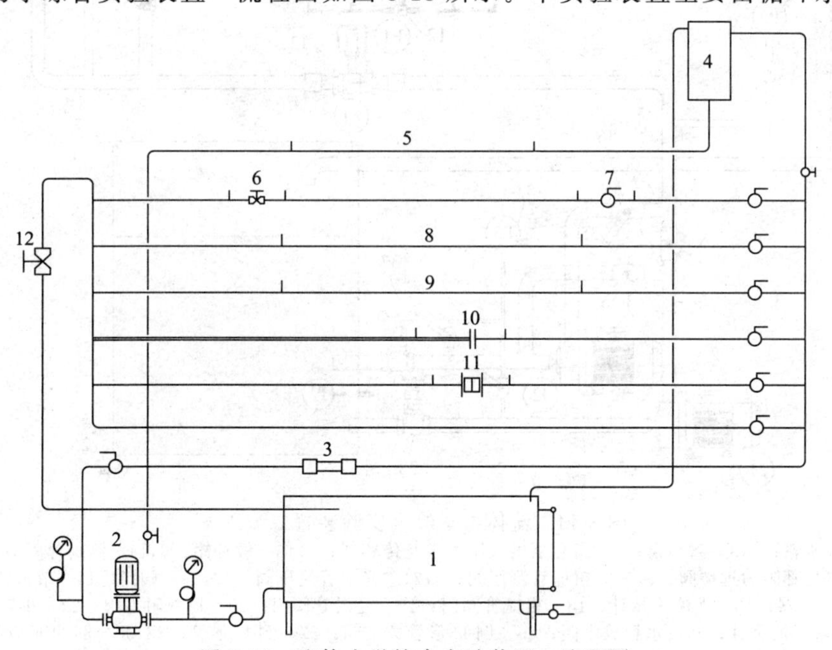

图 3-13　流体力学综合实验装置一流程图

1—循环水箱；2—离心泵；3—涡轮流量计；4—层流水槽；5—层流管；6—截止阀；7—球阀；8—光滑管；9—粗糙管；10—突扩管；11—孔板流量计；12—流量调节阀（闸阀）

泵、待测管路、管件、阀门及配套测量仪表组成。将泵启动后，循环水箱中的水流经涡轮流量计 3、待测管路后再返回循环水箱，管路中水的流量由流量调节阀 12 调节，待测管路中任两点的压差可由压差传感器传至面板。

涡轮流量计所在管径 $d=22\text{mm}$；层流管 $l=1.2\text{m}$，$d=2.9\text{mm}$；截止阀对应管 $\phi27\text{mm}\times3\text{mm}$；光滑管 $l=1.5\text{m}$，$d=21.5\text{mm}$；粗糙管 $l=1.5\text{m}$，$d=22.0\text{mm}$；突然放大管 $l_1=140\text{mm}$、$d_1=16\text{mm}$，$l_2=280\text{mm}$、$d_2=42\text{mm}$；孔板 $\phi22\text{mm}\times3\text{mm}$，$d_0=18\text{mm}$；泵前管径 $\phi48\text{mm}\times3\text{mm}$，泵后管径 $\phi32\text{mm}\times3\text{mm}$。

2. 实验装置二

（1）装置介绍

流体力学综合实验装置二流程图如图 3-14 所示。本实验装置主要由循环水箱、离心泵、待测管路、管件、阀门及配套测量仪表组成。将泵启动后，循环水箱中的流体流经流

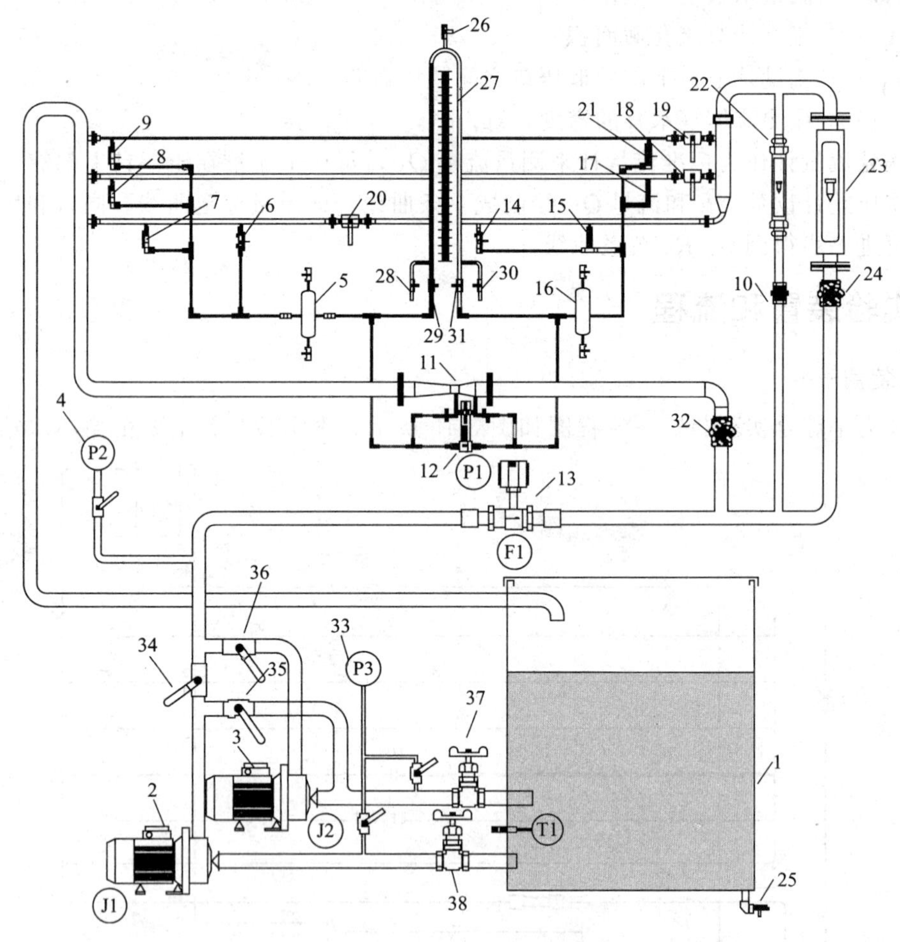

图 3-14 流体力学综合实验装置二流程图

1—循环水箱；2,3—离心泵；4—离心泵出口压力表及传感器；5,16—缓冲罐；6,14—测局部阻力近端阀；7,15—测局部阻力远端阀；8,17—粗糙管测压阀；9,21—光滑管测压阀；10,24—阀门；11—节流式流量计；12—压力传感器；13—涡流流量计；18—粗糙管阀门；19—光滑管阀门；20—局部阻力阀；22—小转子流量计；23—大转子流量计；25—水箱放水阀；26—倒 U 形管放空阀；27—倒 U 形管；28,30—倒 U 形管排水阀；29,31—倒 U 形管进出水阀；32—流量调节阀；33—离心泵入口真空表及传感器；34～36—离心泵串并联控制阀；37,38—离心泵入口阀门

P—压力测量；F—流量测量；J—流体输送机械；T—温度测量

量计、待测管路后再返回循环水箱。

流体力学综合实验设备主要技术参数如表 3-7 所示。

表 3-7　流体力学综合实验设备主要技术参数

序号	名称	规格	材料
1	玻璃转子流量计	型号 LZB-25，测量范围 100～1000L·h^{-1} 型号 VA10-15F，测量范围 10～100L·h^{-1}	
2	压差传感器	型号 LXWY，测量范围 0～200kPa	不锈钢
3	离心泵	型号 WB70/055，2 台	不锈钢
4	涡轮流量计	型号 LWY-40，测量范围 0～20m^3·h^{-1}	
5	变频器	型号 E310-401-H3，规格 0～50Hz	
6	真空表	测量范围－0.1～0MPa，精度 1.5 级，测压位置管内径 d_1＝0.028m	
7	压力表	测量范围 0～0.25MPa，精度 1.5 级，测压位置管内径 d_2＝0.042m	
8	光滑管	管径 d＝0.008m，管长 l＝1.70m	
9	粗糙管	管径 d＝0.010m，管长 l＝1.70m	
10	文丘里流量计	喉径 d_0＝0.020m	不锈钢
11	实验主管路	管径 d＝0.043m	不锈钢
12	真空表与压强表测压口之间的垂直距离	0.23m	

（2）压力测定

局部阻力引起的压降 $\Delta p_f'$可用下面方法测量：在一条各处直径相等的直管段上，安装待测局部阻力的阀门，在上、下游各开两对测压口 a-a'和 b-b'，如图 3-15 所示，使 $ab=bc$；$a'b'=b'c'$，则 $\Delta p_{f,ab}=\Delta p_{f,bc}$；$\Delta p_{f,a'b'}=\Delta p_{f,b'c'}$

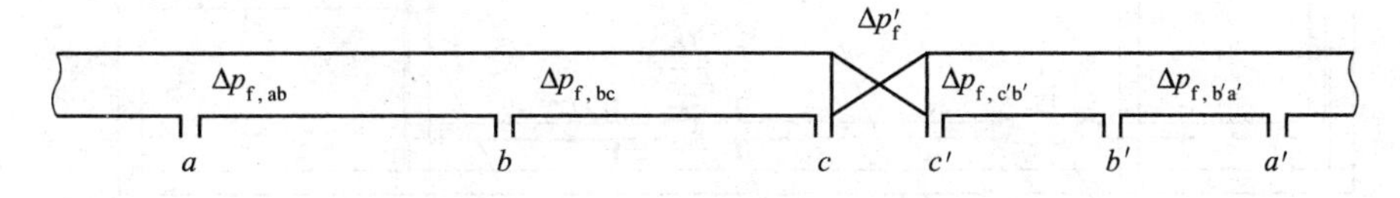

图 3-15　局部阻力测量取压口布置图

在 a-a'之间列伯努利方程式

$$p_a-p_{a'}=2\Delta p_{f,ab}+2\Delta p_{f,a'b'}+\Delta p_f' \tag{3-14}$$

在 b-b'之间列伯努利方程式：

$$p_b-p_{b'}=\Delta p_{f,bc}+\Delta p_{f,b'c'}+\Delta p_f'=\Delta p_{f,ab}'+\Delta p_{f,a'b'}+\Delta p_f' \tag{3-15}$$

联立式(3-14) 和式 (3-15)，则

$$\Delta p_f' = 2(p_b - p_{b'}) - (p_a - p_{a'}) \qquad (3\text{-}16)$$

为了实验方便，称（$p_b - p_{b'}$）为近点压差，称（$p_a - p_{a'}$）为远点压差。其数值用差压传感器或U形管压差计来测量。

（3）实验装置仪表面板图（见图3-16）

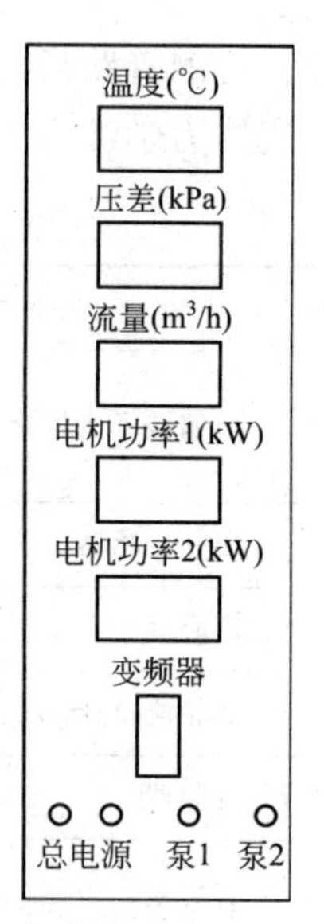

图3-16 流体力学综合实验装置仪表面板图

3. 实验装置三

流体流动阻力测定和离心泵特性曲线测定实验装置分别如图3-17和图3-18所示。本实验装置主要由循环水箱，离心泵，不同管径、材质的水管，各种阀门、管件、涡轮流量计等组成。管路部分有三段并联的长直管，分别为用于测定粗糙管直管阻力系数、光滑管直管阻力系数和局部阻力系数。将泵启动后，循环水箱中的流体流经待测管路、涡轮流量计和电动调节阀后再返回循环水箱。

水的流量使用涡轮流量计测量，管路和管件的阻力采用差压变送器将差压信号传递给无纸记录仪。

流体力学综合实验装置三的结构参数见表3-8。

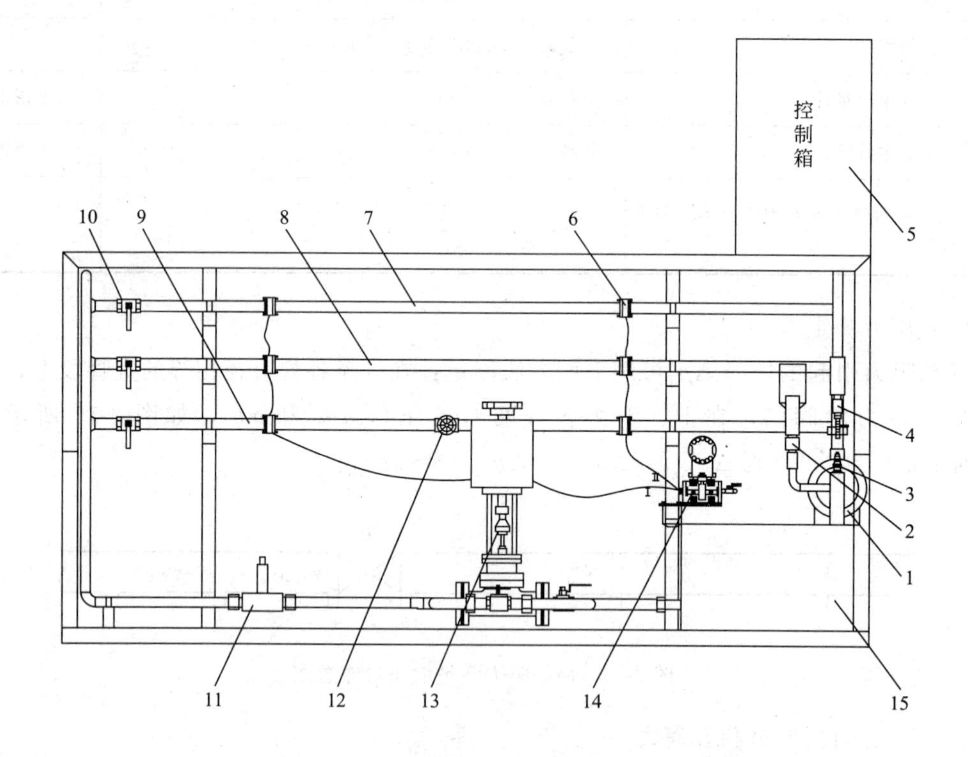

图3-17 流体流动阻力测定实验装置流程示意图

1—离心泵；2—进口压力变送器；3—铂热电阻（测量水温）；4—泵出口压力变送器；5—电气仪表控制箱；6—均压环；7—粗糙管；8—光滑管（离心泵实验中充当离心泵管路）；9—局部阻力管；10—管路选择球阀；11—涡轮流量计；12—局部阻力管上的闸阀；13—电动调节阀；14—差压变送器；15—循环水箱

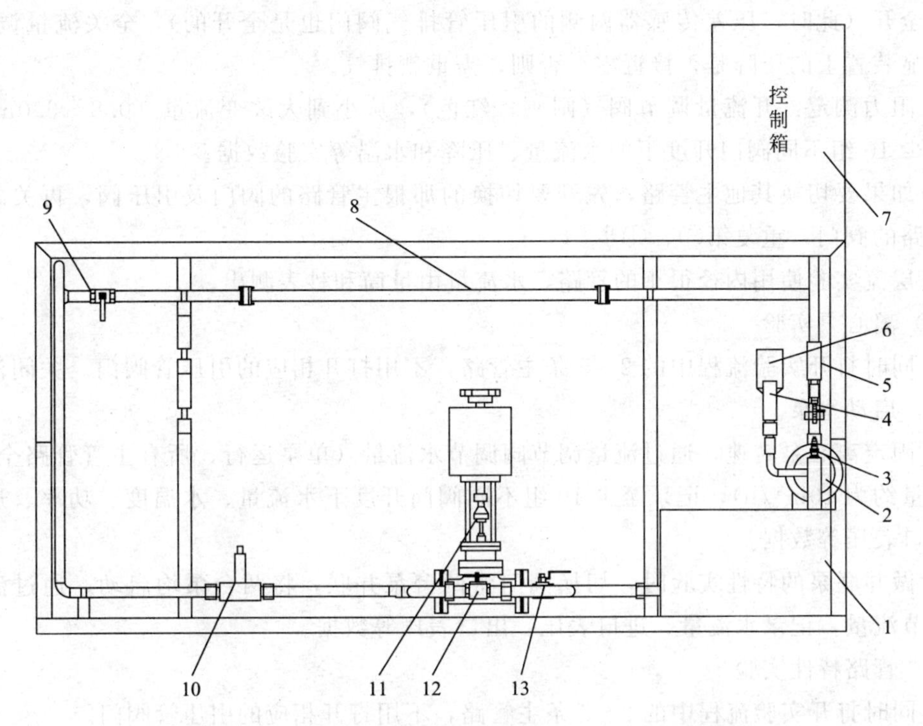

图 3-18 离心泵特性曲线测定实验装置流程示意图

1—循环水箱；2—离心泵；3—铂热电阻（测量水温）；4—泵进口压力传感器；5—泵出口压力传感器；6—灌泵口；7—电气仪表控制箱；8—离心泵实验管路（光滑管）；9—离心泵的管路阀；10—涡轮流量计；11—电动调节阀；12—旁路闸阀；13—离心泵实验电动调节阀管路球阀

表 3-8 流体力学综合实验装置三的结构参数

名称	材质	管内径/mm		测量段长度/cm
		管路号	管内径	
局部阻力管(闸阀)		1A	20.0	95
光滑管	不锈钢管	1B	20.0	100
粗糙管	镀锌铁管	1C	21.0	100

五、实验操作及注意事项

1. 实验装置一的实验步骤

（1）流体阻力及孔流系数测定实验

① 启动泵：通过两台泵的切换阀使流体仅通过 1 号泵流动，关闭流量调节阀（闸阀，红色），开总电源，启动 1 号泵并调节变频器频率为 50Hz。

② 排气：全开流量调节阀，打开管路系统（包括测压管路）中所有阀门，观察管路中流体的流动，直到透明引压管中无气泡时，首先关闭压差传感器两侧的引压管排气阀门（卡套式球阀，黑色），然后一组一组地关闭每根主管上的引压管阀门（卡套式球阀，黑色），再关各主管路阀门（球阀，蓝色）。

③ 排气检验：为了检验排气是否彻底，将待测主管路阀门（球阀，蓝色）及其引压

管阀门全开（此时，压差传感器两侧的引压管排气阀门也是全开的），全关流量调节阀，查看数显装置上的压降是否接近零。否则，需重新排气。

④ 阻力测定：开流量调节阀（闸阀，红色），从小到大改变流量（0.8～6.0m³/h），记录至少10组不同阀门开度下的水流量、压降和水温等实验数据。

⑤ 如果要切换其他主管路，先开要切换的那根主管路的阀门及引压阀，再关之前那根主管路的阀门，重复第③、④步。

⑥ 层流实验使用内径很小的管路，水流量由量筒和秒表测出。

（2）离心泵实验

① 同时打开实验流程中的2～5条主管路，不用打开相应的引压管阀门。关闭流量调节阀门，启动水泵。

② 固定离心泵转速，通过流量调节阀调节水流量（单泵运行，所有主管管路全开时，最大流量约为10m³/h），记录至少10组不同阀门开度下水流量、水温度、功率、进口表压、出口表压等数据。

③ 做并联泵的特性实验时，切换阀门将两台泵并联，将两台泵均启动，通过流量调节阀调节流量，记录水流量、进口表压、出口表压等数据。

（3）管路特性实验

① 同时打开实验流程中的2～5条主管路，不用打开相应的引压管阀门。

② 固定流量调节阀开度，通过改变变频器频率调节水流量，记录至少10组水流量、水温度、进口表压、出口表压等数据。

实验结束后，关闭流量调节阀，调变频器至0Hz，再停泵，再关总电源。

实验装置长期不用时，要排尽管路和水槽中的水并打开传感器两侧阀门排气。

2. 实验装置二的实验步骤

（1）流体阻力测定

1）光滑管阻力测定：

① 关闭粗糙管路阀门8、17、18，将光滑管路阀门9、19、21全开，在流量为零条件下，打开通向倒置U形管的进出水阀29、31，检查导压管内是否有气泡存在。若倒置U形管内液柱高度差不为零，则表明导压管内存在气泡，需要进行赶气泡操作。导压系统如图3-19所示，操作方法如下：

加大流量，打开U形管进出水阀门29、31，使倒置U形管内液体充分流动，以赶出管路内的气泡；若观察气泡已赶净，将流量调节阀24关闭，U形管进出水阀29、31关闭，慢慢旋开倒置U形管上部的放空阀26后，分别缓慢打开阀门28、30，使液柱降至中点上下时马上关闭，管内形成气-水柱，此时管内液柱高度差不一

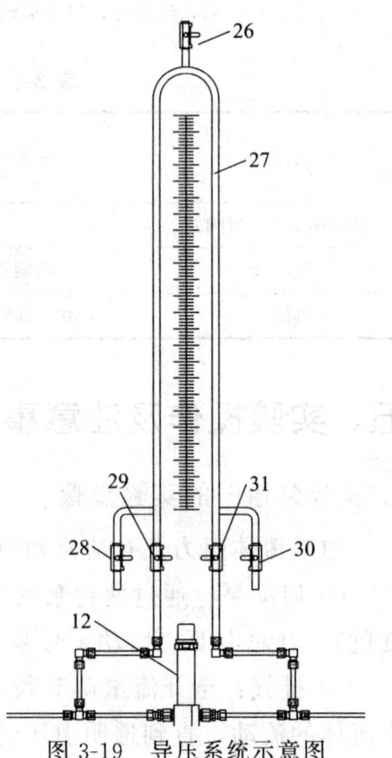

图3-19 导压系统示意图

12—压力传感器；26—U形管放空阀；27—倒U形管；28,30—排水阀；29,31—进出水阀

定为零。然后关闭倒 U 形管放空阀 26，打开 U 形管进出水阀 29，31，此时 U 形管两液柱的高度差应为零（1～2mm 的高度差可以忽略），如不为零则表明管路中仍有气泡存在，需要重复进行赶气泡操作。

② 该装置两个转子流量计并联连接，根据流量大小选择不同量程的流量计测量流量。

③ 差压变送器与倒置 U 形管亦是并联连接，用于测量压差，小流量时用倒 U 形管压差计测量，大流量时用差压变送器测量。应在最大流量和最小流量之间进行实验操作，一般测取 15～20 组数据。

注：在测大流量的压差时应关闭 U 形管的进出水阀 29、31，防止水利用 U 形管形成回路影响实验数据。

2）粗糙管阻力测定：

关闭光滑管阀，将粗糙管阀全开，从小流量到最大流量，测取 15～20 组数据。

3）测取水箱水温。待数据测量完毕，关闭流量调节阀，停泵。

4）粗糙管、局部阻力测量方法同前。

（2）流量计、离心泵性能测定

① 向储水槽内注入蒸馏水。检查流量调节阀 32、压力表 4 的开关及真空表 33 的开关是否关闭（应关闭）。

② 启动离心泵，缓慢打开调节阀 32 至全开。待系统内流体稳定，即系统内已没有气体，打开压力表和真空表的开关，方可测取数据。

③ 用阀门 32 调节流量，从流量为零至最大或流量从最大到零，测取 10～15 组数据，同时记录涡轮流量计频率、文丘里流量计的压差、泵入口压强、泵出口压强、功率表读数，并记录水温。

④ 实验结束后，关闭流量调节阀，停泵，切断电源。

（3）管路特性曲线的测定

① 测定管路特性曲线时，先置流量调节阀 32 为某一开度，调节离心泵电机频率（调节范围 50～20Hz），测取 8～10 组数据，同时记录电机频率、泵入口压强、泵出口压强、流量计读数，并记录水温。

② 实验结束后，关闭流量调节阀，停泵，切断电源。

（4）双泵串并联操作

双泵串联操作：首先将全部阀门关闭，打开阀门 35 和 38，打开总电源开关，同时启动图 3-16 所示泵 1 和泵 2，并打开阀门 36，实验数据测量与单泵相同。

双泵并联操作：首先将全部阀门关闭，打开阀门 37 和阀门 38，打开总电源开关，同时启动泵 1 和泵 2，并打开阀门 34 和 36，实验数据测量与单泵相同。

3. 实验装置三的实验步骤

（1）流体阻力测定

1）泵启动：首先灌泵，直到泵内气体排净，然后打开总电源和仪表开关，关闭出口阀，启动水泵。待电机转动平稳后，把出口阀缓缓开到最大。

2）实验管路选择和排气：选择实验管路，把对应的进口阀和引压管路阀门打开，并在出口阀最大开度下，保持全流量流动 5～10min，排除管路系统空气。观察管路中流体的流动，直到透明引压管中无气泡时，排气结束，将压差变送器两侧的引压管排气阀门关闭。

3）流量调节：通过组态软件或者仪表改变电动调节阀的开度，由大到小调节流量，让流量在 1～4m^3/h 范围内变化，建议每次实验变化 0.5m^3/h 左右。每次改变流量，待流动达到稳定后，记下对应的压差值。

4）管路切换：如果要切换其他管路，先打开要切换的那根主管路的选择球阀及引压阀，再关之前管路的选择球阀和引压阀，重复第“3）”步。

5）实验结束：关闭出口阀，关闭水泵和仪表电源，清理和恢复装置。

（2）离心泵特性曲线测定

1）灌泵并排气，打开总电源和仪表开关，关闭出口阀，启动水泵。待电机转动平稳后，把出口阀缓缓开到最大。

2）打开离心泵实验管路（光滑管）进口阀，通过电动调节阀调节流量，待各仪表读数显示稳定后，读取相应数据。离心泵特性实验主要获取实验数据为：流量 Q、泵进口压力 p_1、泵出口压力 p_2、电机功率 $N_{电}$、泵转速 n、流体温度 t 和两测压点间高度差 H_0（$H_0=0.1$m）。

3）测取 10 组左右数据后，可以停泵，同时记录下设备的相关数据（如离心泵型号，额定流量、额定转速、扬程和功率等），停泵前先将出口阀关闭，关闭仪表电源和总电源，清理和恢复装置。

4. 实验注意事项

（1）实验前理清流程，不要用力扭动各种阀门，为了保护阀门，全开或全关后最好回半圈。

（2）不要擅自动用电脑或改变变频器及实验数显装置的设置。

（3）在实验过程中每调节一个流量之后应待流量和直管压降的数据稳定以后方可记录数据。

（4）启动离心泵前，必须关闭流量调节阀，关闭压力表和真空表的开关，以免损坏测量仪表。同时不要在出口阀关闭状态下长时间使泵运转，一般不超过 3min，否则泵中液体循环温度升高，易生气泡，使泵抽空。

（5）泵运转过程中，勿触碰泵主轴部分，因其高速转动，可能会缠绕并伤害身体接触部位。

（6）对实验装置二，利用压力传感器测量大流量下 Δp 时，应切断空气-水倒置 U 形玻璃管的阀门，否则将影响测量数值的准确。

（7）若较长时间未使用实验装置二，启动离心泵时应先盘轴转动以免烧坏电机，同时注意定期对泵进行保养，防止叶轮被固体颗粒损坏。

（8）对实验装置二，使用变频调速器时一定注意 FWD 指示灯亮，切忌按 FWD REV 键，REV 指示灯亮时电机反转。

（9）实验用水要用清洁的蒸馏水，以免影响涡轮流量计运行和寿命。

（10）对装置三，每次实验前，均需对泵进行灌泵操作，以防止离心泵气缚。

六、实验数据处理

1. 实验装置一

根据所做的实验项目选择相应的基本实验参数表格内容（表 3-9）和实验数据的处理表格（表 3-10～表 3-14）。

（1）基本实验参数

表 3-9　流体力学综合实验基本参数（装置一）

水			光滑管		粗糙管	
温度 t /℃	密度 ρ /kg·m^{-3}	黏度 μ /Pa·s	内径 d /mm	测试段管长 l/m	内径 d /mm	测试段管长 l/m

层流管		孔板流量计		突然扩大管	
内径 d /mm	测试段管长 l/m	主管管径 d/mm	孔径 d_0 /mm	小管管径 d_1 /mm	大管管径 d_2 /mm

截止阀		球阀	离心泵			管路特性	实验装置
主管管径 d /mm	开度	吸入管管径 d_1/mm	排出管管径 d_2/mm	主管路开启情况	主管路开启情况	闸阀开启情况	
							第　套

（2）实验数据处理

表 3-10　直管阻力的测定（装置一）

序号	水流量 Q /m^3·h^{-1}	光滑管压降 Δp/kPa	流速 u /m·s^{-1}	雷诺数 Re	摩擦阻力系数 λ
1					
2					
…					

表 3-11　________局部阻力的测定（装置一）

序号	水流量 Q /m^3·h^{-1}	局部阻力压降 Δp/kPa	流速 u /m·s^{-1}	局部阻力系数 ζ	平均局部阻力系数 ζ
1					
2					
…					

表 3-12 离心泵特性曲线的测定（装置一）

序号	水流量 Q /$m^3 \cdot h^{-1}$	入口表压 p_1/mH_2O	出口表压 p_2/mH_2O	电机功率 $N_电$/kW	扬程 H/mH_2O	轴功率 N/kW	效率 η
1							
2							
…							

表 3-13 管路特性曲线的测定（装置一）

序号	电机频率 f/Hz	水流量 Q /$m^3 \cdot h^{-1}$	入口表压 p_1/mH_2O	出口表压 p_2/mH_2O	扬程 H/mH_2O
1					
2					
…					

表 3-14 孔板流量计孔流系数的测定（装置一）

序号	水流量 Q /$m^3 \cdot h^{-1}$	孔板压降 Δp /kPa	流速 u /$m \cdot s^{-1}$	雷诺数 Re	孔流系数 C_0
1					
2					
…					

2. 实验装置二

根据所做的实验项目选择相应的基本实验参数表格内容（表 3-15）和实验数据的处理表格（表 3-16～表 3-20）。

（1）实验基本参数

表 3-15 流体力学综合实验基本参数（装置二）

水			光滑管		粗糙管	
温度 t /℃	密度 ρ /$kg \cdot m^{-3}$	黏度 μ /$Pa \cdot s$	内径 d /mm	测试段管长 l/m	内径 d /mm	测试段管长 l/m

层流管		孔板流量计		突然扩大管	
内径 d /mm	测试段管长 l/m	主管管径 d/mm	孔径 d_0 /mm	小管管径 d_1/mm	大管管径 d_2/mm

截止阀		球阀	离心泵			管路特性	实验装置
主管管径 d /mm	开度	吸入管管径 d_1/mm	排出管管径 d_2/mm	主管路开启情况	主管路开启情况	闸阀开启情况	
							第套

(2) 实验数据处理

表 3-16　直管阻力的测定（装置二）

序号	水流量 Q /$m^3 \cdot h^{-1}$	光滑管压降 Δp/kPa	流速 u /$m \cdot s^{-1}$	雷诺数 Re	摩擦阻力系数 λ
1					
2					
…					

表 3-17　________局部阻力的测定（装置二）

序号	水流量 Q /$m^3 \cdot h^{-1}$	局部阻力压降 Δp/kPa	流速 u /$m \cdot s^{-1}$	局部阻力系数 ζ	平均局部阻力系数 ζ
1					
2					
3					

表 3-18　离心泵特性曲线的测定（装置二）

序号	水流量 Q /$m^3 \cdot h^{-1}$	入口表压 p_1/mH_2O	出口表压 p_2/mH_2O	电机功率 $N_{电}$/kW	扬程 H/mH_2O	轴功率 N/kW	效率 η
1							
2							
…							

表 3-19　管路特性曲线的测定（装置二）

序号	电机频率 f/Hz	水流量 Q/$m^3 \cdot h^{-1}$	入口表压 p_1/mH_2O	出口表压 p_2/mH_2O	扬程 H/mH_2O
1					
2					
…					

表 3-20　孔板流量计孔流系数的测定（装置二）

序号	水流量 Q /$m^3 \cdot h^{-1}$	孔板压降 Δp /kPa	流速 u /$m \cdot s^{-1}$	雷诺数 Re	孔流系数 C_0
1					
2					
…					

3. 实验装置三

根据所做的实验项目选择相应实验数据记录和处理表格（表3-21～表3-23）。

表3-21 流体流动阻力测定实验原始数据记录表格

温度____；装置号____

直管基本参数：光滑管径____；粗糙管径____；局部阻力管径____

序号	流量/(m^3/h)	光滑管压差/kPa	粗糙管压差/kPa	局部阻力压差/kPa
1				
2				
…				

表3-22 离心泵特性曲线测定实验原始数据记录表格

装置号____

离心泵型号____；额定流量____；额定扬程____；额定功率____

泵进出口测压点高度差 H_0=____；流体温度 t=____

序号	流量 Q/(m^3/h)	泵进口压力 p_1/kPa	泵出口压力 p_2/kPa	电机功率 $N_{电}$/kW	泵转速 n/(r/m)
1					
2					
…					

表3-23 离心泵特性曲线测定实验数据处理表格

实验次数	流量 Q/(m^3/h)	扬程 H/m	轴功率 N/kW	泵效率 η/%
1				
2				
…				

七、思考题

（1）为什么要排除管路系统的气泡？如何排除？

（2）直管阻力产生的原因是什么？如何测定及计算？

（3）实验中，摩擦系数和局部阻力系数随流速如何变化？解释其原因。

实验7 空气-水蒸气对流传热实验

一、实验目的

（1）通过对空气-水蒸气简单套管换热器的实验研究，掌握对流传热系数 α_i 的测定方法，加深对其概念和影响因素的理解，并应用线性回归分析方法，确定关联式 $Nu=ARe^mPr^{0.4}$ 中常数 A、m 数值。

（2）通过对管程内部插有螺旋线圈的空气-水蒸气强化套管换热器的实验研究，掌握

对流传热系数 α_i 的测定方法，测定其特征数关联式 $Nu_0=BRe^{m'}Pr^{0.4}$ 中 B 和 m' 数值（实验装置二）。

（3）根据计算出的 Nu、Nu_0 求出强化比 Nu_0/Nu，比较强化传热的效果，加深理解强化传热的基本理论和基本方式（实验装置二）。

（4）通过变换列管换热器换热面积实验测取数据计算总传热系数 K，加深对其概念和影响因素的理解（实验装置二）。

（5）认识套管换热器（光滑、强化）、列管换热器的结构及操作方法，测定并比较不同换热器的性能（实验装置二）。

二、实验内容

（1）测定不同流速下简单套管换热器的对流传热系数 α_i。

（2）测定不同流速下强化套管换热器的对流传热系数 α_i（实验装置二）。

（3）测定不同流速下空气全流通列管换热器总传热系数 K（实验装置二）。

（4）测定不同流速下空气半流通列管换热器总传热系数 K（实验装置二）。

（5）对 α_i 的实验数据进行线性回归，确定普通管关联式 $Nu=ARe^{m}Pr^{0.4}$ 中常数 A、m 的数值。

（6）通过强化管关联式 $Nu_0=BRe^{m'}Pr^{0.4}$ 计算出 Nu_0，并确定传热强化比 Nu_0/Nu（实验装置二）。

三、实验原理

1. 普通套管换热器传热系数测定及特征数关联式的确定

（1）对流传热系数 α_i 的测定

对流传热系数 α_i 可以根据牛顿冷却定律通过实验来测定。

$$Q=\alpha_i S_i \Delta t_m \tag{3-17}$$

$$\alpha_i=\frac{Q}{\Delta t_m S_i} \tag{3-18}$$

式中　α_i——管内流体对流传热系数，W/(m²·℃)；

Q——管内对流传热速率，W；

S_i——管内换热面积，m²；

Δt_m——壁面与主流体间的温度差，℃。

平均温度差由下式确定：$\Delta t_m=t_w-t_m$　(3-19)

式中　t_m——冷流体进出口的平均温度，℃，$t_m=\frac{t_1+t_2}{2}$；

t_w——壁面平均温度，℃。

因为换热器内管为紫铜管，其热导率很大，且管壁很薄，故认为内壁温度、外壁温度和壁面平均温度近似相等，用 t_w 来表示，由于管外使用蒸汽，所以 t_w 近似等于热流体的平均温度 T，即：$t_w\approx T$。

管内换热面积：$S_i=n\pi d_i l$　(3-20)

式中 n——换热管根数；

d_i——内管管内径，m；

l——传热管测量段的实际长度，m。

Q 可由冷流体（空气）吸收的热量得到：

$$Q=W_c c_{pc}(t_2-t_1) \tag{3-21}$$

其中质量流量由下式求得：

$$W_c=\frac{V_c\rho_c}{3600} \tag{3-22}$$

式中 V_c——冷流体在套管内的体积流量，m^3/h；

c_{pc}——冷流体的定压比热容，kJ/(kg·℃)；

ρ_c——冷流体的密度，kg/m^3。

c_{pc}和ρ_c可分别根据定性温度t_m、t_1查得，t_1、t_2、t_w、V_c可采取一定的测量手段得到。

（2）对流传热系数特征数关联式的实验确定

流体在管内作强制湍流，处于被加热状态，特征数关联式的形式为：

$$Nu=ARe^m Pr^n \tag{3-23}$$

其中 $Nu=\frac{\alpha_i d_i}{\lambda_i}$，$Re=\frac{u_i d_i \rho_i}{\mu_i}$，$Pr=\frac{c_{pi}\mu_i}{\lambda_i}$

物性数据λ_i、c_{pi}、ρ_i、μ_i可根据定性温度t_m查得。对于管内被加热的空气，$n=0.4$，则关联式的形式简化为：

$$Nu=ARe^m Pr^{0.4} \tag{3-24}$$

这样通过实验确定不同流量下的 Re 与 Nu，再用线性回归方法就可确定 A 和 m 的值。将式（3-24）两边取对数，得到直线方程：

$$\lg\frac{Nu}{Pr^{0.4}}=\lg A+m\lg Re \tag{3-25}$$

在双对数坐标中，以$\frac{Nu}{Pr^{0.4}}$为纵坐标，以 Re 为横坐标作图，应为一条直线，直线斜率即为 m。在直线上任取一点的函数值代入方程值，则可得到系数 A，即：

$$A=\frac{\frac{Nu}{Pr^{0.4}}}{Re^m} \tag{3-26}$$

2. 强化套管换热器传热系数、特征数关联式及强化比的测定

强化传热技术，可以使完成相同的传热任务所需的传热面积减小，从而减小换热器的体积和重量，提高了现有换热器的换热能力，达到强化传热的目的。同时换热器能够在较低温差下工作，减小了换热器工作阻力，以减少动力消耗，更合理有效地利用能源。强化传热的方法有多种，本实验装置主要采取了螺旋线圈的强化方式。

其中螺旋线圈强化管内部结构如图 3-20 所示，螺旋线圈由直径 3mm 以下的铜丝和钢丝按一定节距绕成。将金属螺旋线圈插入并固定在管内，即可构成一种强化传热管。在近壁区域，一方面流体由于螺旋线圈的作用而发生旋转，另一方面还周期性地受到线圈的螺

旋金属丝的扰动，因而可以使传热强化。由于绕制线圈的金属丝直径很细，流体旋流强度也较弱，所以阻力较小，有利于节省能源。螺旋线圈是以线圈节距 H 与管内径 d 的比值以及管壁粗糙度（$2d/h$）为主要技术参数，且长径比是影响传热效果和阻力系数的重要因素。

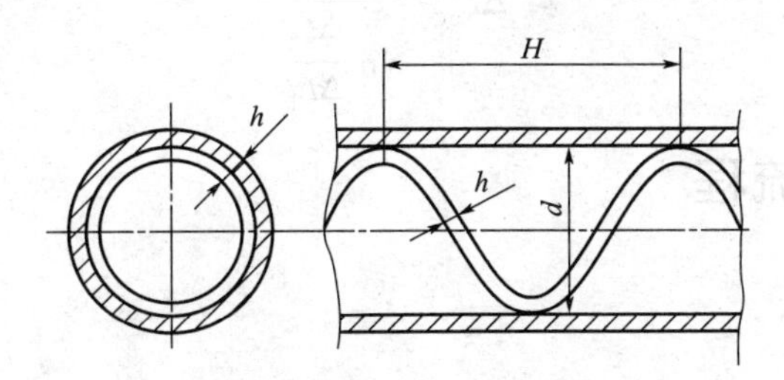

图 3-20　螺旋线圈强化管内部结构

科学家通过实验研究总结了形式为 $Nu_0=BRe^{m'}Pr^n$ 的经验公式，其中 B 和 m' 的值因强化方式不同而不同，n 在流体被加热时为 0.4。在本实验中，确定不同流量下的 Re 与 Nu_0，用线性回归方法可确定 B 和 m' 的值。

单纯研究强化手段的强化效果（不考虑阻力的影响），可以用强化比的概念作为评判准则，它的形式是 Nu_0/Nu，其中 Nu_0 是强化管的努塞尔数，Nu 是普通管的努塞尔数，显然，强化比 $Nu_0/Nu>1$，而且它的值越大，强化效果越好。需要说明的是，如果评判强化方式的真正效果和经济效益，则必须考虑阻力因素，阻力系数随着换热系数的增加而增加，从而导致换热性能的降低和能耗的增加，只有强化比较高，且阻力系数较小的强化方式，才是最佳的强化方法。

3. 总传热系数 K 的计算

总传热系数 K 是评价换热器性能的一个重要参数，也是对换热器进行传热计算的依据。对于已有的换热器，可以通过测定有关数据，如设备尺寸、流体的流量和温度等，通过传热速率方程式计算 K 值。

传热速率方程式是换热器传热计算的基本关系。该方程式中，冷、热流体温度差 Δt_m 是传热过程的推动力，它随着传热过程冷热流体的温度变化而改变。

传热速率方程式

$$Q=K_o S_o \Delta t_m \tag{3-27}$$

热量衡算式

$$Q=W_c c_{pc}(t_2-t_1) \tag{3-28}$$

根据以上两式可得总传热系数为：

$$K_o=\frac{c_{pc}W_c(t_2-t_1)}{S_o\Delta t_m} \tag{3-29}$$

式中　K_o——基于管外表面积的总传热系数，W/(m² · ℃)；

Q——传热速率或热负荷，W；

S_o——换热管的外表面积，m²，$S_o=n\pi d_o l$；

c_{pc}——空气的比热容，J/(kg · ℃)；

W_c——空气质量流量，kg/s；

t_2-t_1——空气进出口温差，℃；

Δt_m——冷热流体的对数平均温差，℃，由于本实验过程中，管外水蒸气的温度保持不变，可由式(3-30) 得到

$$\Delta t_m=\frac{t_2-t_1}{\ln\frac{\Delta t_2}{\Delta t_1}} \tag{3-30}$$

四、实验装置和流程

1. 实验装置一

（1）装置介绍

本装置主要由套管换热器、风机、孔板流量计、蒸汽发生器及相应的测温仪表和阀门组成，其中套管换热器外管为有机玻璃管，内管为紫铜管，装置流程示意图如图 3-21 所示。

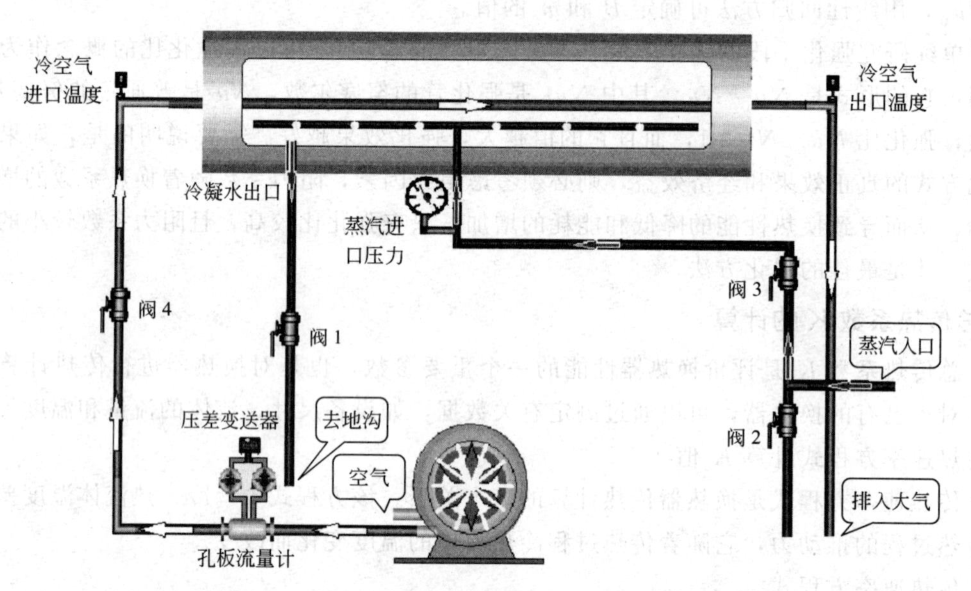

图 3-21 空气-水蒸气普通套管换热器实验流程示意图

来自蒸汽发生器的水蒸气进入玻璃套管换热器环隙，与来自风机的空气在套管换热器内进行热交换，冷凝水经管道排入地沟。冷空气经孔板流量计进入套管换热器内管（紫铜管），热交换后排出装置外。

（2）设备与仪表规格

① 紫铜管规格：直径 ϕ21mm×2.5mm，长度 l=1000mm。

② 外套玻璃管规格：直径 ϕ100mm×5mm，长度 l=1000mm。

③ 铂热电阻及智能温度显示仪。

④ 全自动蒸汽发生器及蒸汽压力表

2. 实验装置二

（1）实验装置流程示意图（图 3-22）

本装置主要由套管换热器、列管换热器及配套的蒸汽发生器、空气泵及测量仪表等组成。

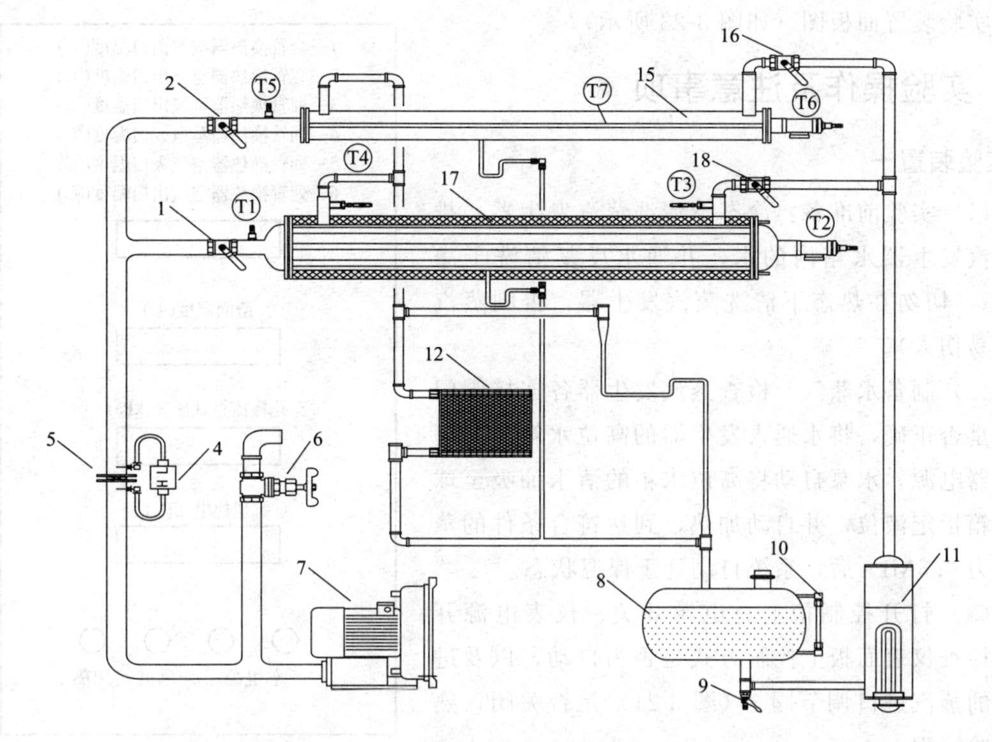

图 3-22 空气-水蒸气传热综合实验装置流程图

1—列管换热器空气进口阀；2—套管换热器空气进口阀；3—板式换热器空气进口阀（图中未示出）；4—压力传感器；5—孔板流量计；6—空气旁路调节阀；7—旋涡气泵；8—储水罐；9—排水阀；10—液位计；11—蒸汽发生器；12—散热器；13—板式换热器（图中未示出）；14—板式换热器蒸汽进口阀（图中未示出）；15—套管换热器；16—套管换热器蒸汽进口阀；17—列管换热器；18—列管换热器蒸汽进口阀

来自储水罐8中的水经蒸汽发生器产生蒸汽后进入套管换热器15或列管换热器17的壳程，经换热后进入散热器12后冷凝为冷凝水返回储水罐8，空气经旋涡气泵7输送进入换热器的管内进行换热后排入大气。空气流量由孔板流量计5计量，同时测量空气进出口蒸汽进出口温度及壁温。

（2）实验设备主要技术参数（表2-24）

表 3-24 空气-水蒸气传热综合实验装置结构参数

套管换热器实验内管直径/mm×mm		$\phi22\times1$
测量段(紫铜内管、列管内管)长度 l/m		1.20
强化传热内插物(螺旋线圈)尺寸	丝径 h/mm	1
	节距 H/mm	40
套管换热器实验外管直径/mm×mm		$\phi57\times3.5$
列管换热器实验内管直径/mm×mm，根数		$\phi19\times1.5$，6
列管换热器实验外管直径/mm×mm		$\phi89\times3.5$
孔板流量计孔流系数及孔径		$c_0=0.65$，$d_0=0.017$m
旋涡气泵		XGB-2型

（3）实验装置面板图（如图3-23所示）

五、实验操作及注意事项

1. 实验装置一

（1）实验前准备：冷态下清洗蒸汽发生器，排除蒸汽发生器水箱内的水，并通水反复清洗干净（注意：切勿在热态下清洗蒸汽发生器，否则蒸汽喷出易伤人）。

（2）制备水蒸气：检查蒸汽发生器各连接阀门开关是否正确，将水通入发生器的高位水箱，开启发生器电源，水泵自动将高位水箱的清水抽吸至球形水箱指定液位，并自动加热，到达符合条件的蒸汽压力0.5MPa后，系统自动处于保温状态。

（3）打开控制柜上总电源开关、仪表电源开关，检查仪表面板上控制方式是否为自动，以及进系统的蒸汽进口调节阀3（图3-21）是否关闭，熟悉实验流程。

（4）待蒸汽制备好后，打开控制面板上的风机电源开关，将空气通入套管换热器的紫铜管内。

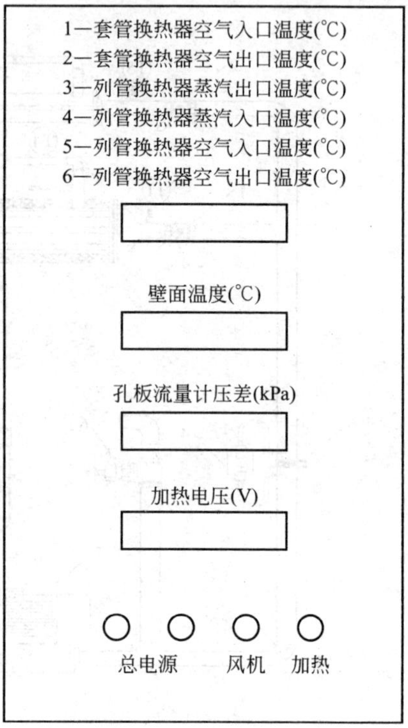

1—套管换热器空气入口温度(℃)
2—套管换热器空气出口温度(℃)
3—列管换热器蒸汽出口温度(℃)
4—列管换热器蒸汽入口温度(℃)
5—列管换热器空气入口温度(℃)
6—列管换热器空气出口温度(℃)

壁面温度(℃)

孔板流量计压差(kPa)

加热电压(V)

总电源　风机　加热

图3-23　空气-水蒸气传热综合实验装置面板图

（5）在蒸汽进口调节阀3关闭后，慢慢打开蒸汽管冷凝水排放阀2，让蒸汽压力把该段管路中残存的冷凝水带走，当听到蒸汽响时关闭冷凝水排放阀2，方可进行下一步实验。

（6）微开蒸汽进口调节阀3，让蒸汽徐徐进入换热器的壳程，使系统由“冷态”转变为“热态”，不得少于10min，防止玻璃管因突然受热、受压而爆裂。通过调节蒸汽进口调节阀3，使蒸汽压力稳定并保持在0～0.02MPa某个值。

注意：蒸汽压力表的读数滞后，从冷态进入蒸汽大概20min才有读数，实验过程中需专人控制蒸汽进口调节阀3，切忌开得过大使蒸汽压力超过0.02MPa（表压），过高的压力易造成玻璃管爆裂和填料损坏。

（7）合理确定6～8个实验点，调节空气进口调节阀4，改变空气流量，热交换稳定后，分别读取冷流体流量、冷流体进出口温度及蒸汽进出口温度。

（8）实验结束后，先将蒸汽发生器电源及其进水管关闭，关闭蒸汽进口调节阀3，待系统逐渐冷却后关闭风机电源，关仪表电源、总电源。

2. 实验装置二

（1）实验步骤

1）实验前的准备及检查工作

① 向储水罐8（图3-22）中加入蒸馏水至液位计上端处。

② 检查空气流量旁路调节阀6是否全开。

③ 检查蒸汽管支路各控制阀是否已打开，保证蒸汽和空气管线的畅通。

④ 接通电源总闸，设定加热电压。

2）光滑套管实验

① 准备工作完毕后，打开蒸汽进口阀门16，启动仪表面板加热开关，对蒸汽发生器内液体进行加热。当所做套管换热器内管壁温升到接近100℃并保持5min不变时，打开阀门2，全开空气旁路调节阀6，启动风机开关。

② 用空气旁路调节阀6来调节流量，调好某一流量后稳定3～5min，分别记录空气的流量、空气进出口的温度及壁面温度。

③ 改变流量测量下一组数据。一般从小流量到最大流量，要测量5～6组数据。

3）强化实验　全部打开空气旁路调节阀6，停风机。把强化丝装进套管换热器内并安装好。实验方法同步骤2）。

4）列管换热器传热系数测定实验

① 列管换热器冷流体全流通实验：打开蒸汽进口阀18，当蒸汽出口温度接近100℃并保持5min不变时，打开阀门1，全开空气旁路调节阀6，启动风机，利用空气旁路调节阀6来调节流量，调好某一流量后稳定3～5min，分别记录空气的流量、空气进出口的温度及蒸汽的进出口温度。

② 列管换热器冷流体半流通实验：用准备好的丝堵堵上一半面积的内管，打开蒸汽进口阀18，当蒸汽出口温度接近100℃并保持5min不变时，打开阀门1，全开空气旁路调节阀6，启动风机，利用空气旁路调节阀6来调节流量，调好某一流量后稳定3～5min后，分别记录空气的流量、空气进出口的温度及蒸汽的进出口温度。

5）实验结束后，依次关闭加热电源、风机和总电源，一切复原。

（2）实验注意事项

1）检查蒸汽加热釜中的水位是否在正常范围内。特别是每个实验结束后，进行下一实验之前，如果发现水位过低，应及时补给水量。

2）必须保证蒸汽上升管线的畅通。即在给蒸汽加热釜电压之前，两蒸汽支路阀门之一必须全开。在转换支路时，应先开启需要的支路阀，再关闭另一侧，且开启和关闭阀门必须缓慢，防止管线截断或蒸汽压力过大突然喷出。

3）必须保证空气管线的畅通。即在接通风机电源之前，两个空气支路控制阀之一和旁路调节阀必须全开。在转换支路时，应先关闭风机电源，然后开启和关闭支路阀。

4）调节流量后，应至少稳定3～8min后读取实验数据。

5）实验中保持上升蒸汽量的稳定，不应改变加热电压。

六、实验数据处理

1. 实验装置一

（1）将实验数据填入表3-25中。

表 3-25 普通套管换热器实验数据（装置一）

第____套装置，换热管内径 d ____ m；换热管长 l ____ m；蒸汽表压 p ____ MPa；
蒸汽进口温度 T_1____℃；蒸汽出口温度 T_2____℃；蒸汽平均温度 T ____℃

项目	序号					
	1	2	3	4	5	6
空气流量 $V_c/m^3\cdot h^{-1}$						
空气进口温度 t_1/℃						
空气出口温度 t_2/℃						
流量计处空气密度 $\rho_{t1}/kg\cdot m^{-3}$						
空气质量流量 $W_c/kg\cdot h^{-1}$						
传热管内平均体积流量 $V_m/m^3\cdot h^{-1}$						
平均流速 $u_m/m\cdot s^{-1}$						
空气定性温度 t_m/℃						
定性温度的平均值						
$c_p/J\cdot kg^{-1}\cdot ℃^{-1}$						
$\rho/kg\cdot m^{-3}$						
$\mu/Pa\cdot s$						
$\lambda/W\cdot m^{-1}\cdot ℃^{-1}$						
平均温差 Δt_m/℃						
$\alpha_i/W\cdot m^{-2}\cdot ℃^{-1}$						
Nu						
Re						
$Nu/Pr^{0.4}$						
特征数关联式						

（2）在双对数坐标系中绘制 $Nu/Pr^{0.4}$-Re 图，得到系数：$A=$____，$m=$____。

（3）将计算好的准数关联式填在表 3-25 中。

2. 实验装置二

（1）将实验数据填入相应表格中。（表 3-26～表 3-29）。

表 3-26 普通套管换热器实验数据（装置二）

第____套装置，换热管内径 d ____ m；换热管长 l ____ m；
孔板流量计：C_0____，d_0____ mm

项目	序号					
	1	2	3	4	5	6
空气流量压差 Δp/kPa						
空气进口温度 t_1/℃						
空气出口温度 t_2/℃						

续表

项目	序号					
	1	2	3	4	5	6
壁温 t_w/℃						
孔板流量计空气流量 $V_c/m^3 \cdot h^{-1}$						
传热管内平均体积流量 $V_m/m^3 \cdot h^{-1}$						
平均流速 $u_m/m \cdot s^{-1}$						
流量计处空气密度 $\rho_{t1}/kg \cdot m^{-3}$						
空气质量流量 $W_c/kg \cdot h^{-1}$						
空气定性温度 t_m/℃						
定性温度下的物性参数						
$c_p/J \cdot kg^{-1} \cdot ℃^{-1}$						
$\rho/kg \cdot m^{-3}$						
$\mu/Pa \cdot s$						
$\lambda/W \cdot m^{-1} \cdot ℃^{-1}$						
平均温差 Δt_m/℃						
$\alpha_i/W \cdot m^{-2} \cdot ℃^{-1}$						
Nu						
Re						
$Nu/Pr^{0.4}$						
特征数关联式						

表 3-27　普通套管＋强化管换热器实验数据

第____套装置，换热管内径 d ____ m；换热管长 l ____ m；
孔板流量计：C_0：____，d_0 ____ mm

项目	序号					
	1	2	3	4	5	6
空气流量压差 Δp/kPa						
空气进口温度 t_1/℃						
空气出口温度 t_2/℃						
壁温 t_w/℃						
孔板流量计空气流量 $V_c/m^3 \cdot h^{-1}$						
传热管内平均体积流量 $V_m/m^3 \cdot h^{-1}$						
平均流速 $u_m/m \cdot s^{-1}$						
流量计处空气密度 $\rho_{t1}/kg \cdot m^{-3}$						
空气质量流量 $W_c/kg \cdot h^{-1}$						

续表

项目	序号					
	1	2	3	4	5	6
空气定性温度 t_m/℃						
定性温度下的物性参数						
c_p/J·kg^{-1}·℃$^{-1}$						
ρ/kg·m^{-3}						
μ/Pa·s						
λ/W·m^{-1}·℃$^{-1}$						
平均温差 Δt_m/℃						
α_i/W·m^{-2}·℃$^{-1}$						
Nu						
Re						
$Nu/Pr^{0.4}$						
特征数关联式						

表 3-28 列管换热器（全流通）实验数据

第____套装置，换热管内径 d ____ m；换热管长 l ____ m；换热管根数 n ____；孔板流量计：C_0____，d_0____ mm

项目	序号					
	1	2	3	4	5	6
空气流量压差 Δp/kPa						
空气进口温度 t_1/℃						
空气出口温度 t_2/℃						
蒸汽进口温度 T_1/℃						
蒸汽出口温度 T_2/℃						
孔板流量计空气流量 V_c/m^3·h^{-1}						
传热管内平均体积流量 V_m/m^3·h^{-1}						
平均流速 u_m/m·s^{-1}						
流量计处空气密度 ρ_{t1}/kg·m^{-3}						
空气质量流量 W_c/kg·h^{-1}						
空气定性温度 t_m/℃						
定性温度下的物性参数：						
c_p/J·kg^{-1}·℃$^{-1}$						
ρ/kg·m^{-3}						
μ/Pa·s						
λ/W·m^{-1}·℃$^{-1}$						
平均温差 Δt_m/℃						
K_o/W·m^{-2}·℃$^{-1}$						

表 3-29　列管换热器（半流通）实验数据

第____套装置，换热管内径 d ____ m；换热管长 l ____ m；换热管根数 n ____；孔板流量计 C_0____，d_0____ mm

项目	序号					
	1	2	3	4	5	6
空气流量压差 Δp/kPa						
空气进口温度 t_1/℃						
空气出口温度 t_2/℃						
蒸汽进口温度 T_1/℃						
蒸汽出口温度 T_2/℃						
孔板流量计空气流量 $V_c/m^3 \cdot h^{-1}$						
传热管内平均体积流量 $V_m/m^3 \cdot h^{-1}$						
平均流速 $u_m/m \cdot s^{-1}$						
流量计处空气密度 $\rho_{t1}/kg \cdot m^{-3}$						
空气质量流量 $W_c/kg \cdot h^{-1}$						
空气定性温度 t_m/℃						
定性温度下的物性参数：						
$c_p/J \cdot kg^{-1} \cdot ℃^{-1}$						
$\rho/kg \cdot m^{-3}$						
$\mu/Pa \cdot s$						
$\lambda/W \cdot m^{-1} \cdot ℃^{-1}$						
平均温差 Δt_m/℃						
$K_o/W \cdot m^{-2} \cdot ℃^{-1}$						

（2）实验报告要求

1）在同一双对数坐标系中绘制普通管和强化管套管换热器传热的 $Nu/Pr^{0.4}$-Re 图，得到相应的特征数关联式，并计算得到强化比 Nu_0/Nu，比较强化传热的效果，并进行分析。

2）对半流通和全流通列管换热器的总传热系数 K 进行对比分析，加深对其概念和影响因素的理解。

七、思考题

（1）在计算冷流体质量流量时所用到的密度值与求雷诺数时的密度值是否一致？它们分别表示什么位置的密度？应在什么条件下进行计算？

（2）本实验中，传热热阻在哪一侧（空气或蒸汽）？壁温接近哪种流体温度？为什么？

（3）本实验中，为了提高总传热系数 K，可采取哪些有效的方法？其中最有效的方法是什么？为什么？

实验 8　恒压过滤常数测定

一、实验目的

（1）熟悉板框压滤机的构造和操作方法。

（2）掌握恒压过滤常数 K、q_e、θ_e 的测定方法，加深对 K、q_e、θ_e 概念和影响因素的理解。

（3）了解过滤压力对过滤速率的影响，学习滤饼的压缩性指数 s 和物料特性常数 k 的测定方法。

（4）学习 $\frac{d\theta}{dq}$-q 一类关系的实验确定方法。

（5）测定洗涤滤饼的洗涤速率，验证过滤终了速率和洗涤速率的关系。

二、实验内容

（1）测定不同压力下的过滤常数 K、q_e、θ_e。

（2）根据实验测量数据，计算滤饼的压缩性指数 s 和物料特性常数 k。

三、实验原理及过滤常数的求取

1. 实验原理

过滤是利用过滤介质进行液-固系统的分离过程，过滤介质通常采用带有许多毛细孔的物质如帆布、毛毯、多孔陶瓷等。含有固体颗粒的悬浮液在一定压力作用下，液体通过过滤介质，固体颗粒被截留，从而使液固两相分离。

在过滤过程中，由于固体颗粒不断地被截留在介质表面上，滤饼厚度逐渐增加，使得液体流过固体颗粒之间的孔道加长，增加了流体流动阻力。故恒压过滤时，过滤速率是逐渐下降的。随着过滤的进行，若想得到相同的滤液量，则过滤时间要增加。

2. K、q_e和θ_e的求取

对恒压过滤，有：

$$(q+q_e)^2=K(\theta+\theta_e) \tag{3-31}$$

式中 q——单位过滤面积获得的滤液体积，m^3/m^2；

q_e——单位过滤面积上的虚拟滤液体积，m^3/m^2；

θ——实际过滤时间，s；

θ_e——虚拟过滤时间，s；

K——过滤常数，m^2/s。

将式(3-31)进行微分可得：

$$\frac{d\theta}{dq}=\frac{2}{K}q+\frac{2}{K}q_e \tag{3-32}$$

这是一个直线方程式，由于实验过程中不可能测量到无穷小时间段内的滤液体积的变化，只能测量有限时间段内的滤液体积，当各数据点的时间间隔不大时，$\frac{d\theta}{dq}$可用增量之比$\frac{\Delta\theta}{\Delta q}$来代替于普通坐标上标绘$\frac{d\theta}{dq}$-$q$ 的关系曲线：

$$\frac{\Delta\theta}{\Delta q}=\frac{2}{K}\bar{q}+\frac{2}{K}q_e \tag{3-33}$$

式中 Δq——每次测定的单位过滤面积滤液体积（实验中等量分配），m^3/m^2；

$\Delta\theta$——每次测定的滤液体积 Δq 所对应的过滤时间，s；

$\bar{q}$——相邻两个 q 值的平均值，m^3/m^2。

注：式(3-33) 中 $\bar{q}$ 代替式(3-32) 的 q，原因可参见化工原理教材中过滤常数测定章节。

在直角坐标系中，以 $\dfrac{\Delta\theta}{\Delta q}$ 为纵坐标，相对应的 $\bar{q}$ 为横坐标绘图，可得一直线，直线的斜率为 $\dfrac{2}{K}$，截距为 $\dfrac{2}{K}q_e$，从而求出 K、q_e。至于 θ_e 可由式(3-34) 求出：

$$q_e^2=K\theta_e \tag{3-34}$$

改变过滤压力，可得到不同操作压力下的过滤常数 K 值，根据过滤常数的定义式：

$$K=2k\Delta p^{1-s} \tag{3-35}$$

两边取对数：

$$\lg K=(1-s)\lg\Delta p+\lg(2k) \tag{3-36}$$

在不同压力过滤时，因 $k=\dfrac{1}{\mu r'\nu}=$ 常数，故 K 与 Δp 的关系在对数坐标上标绘时应是一条直线，直线的斜率为 $1-s$，由此可得滤饼的压缩性指数 s，然后代入式(3-35) 求物料特性常数 k。

四、实验装置和流程

1. 实验装置一

本实验装置由空压机、配料槽、压力料槽、板框压滤机等组成，其过滤流程如图 3-24 所示。

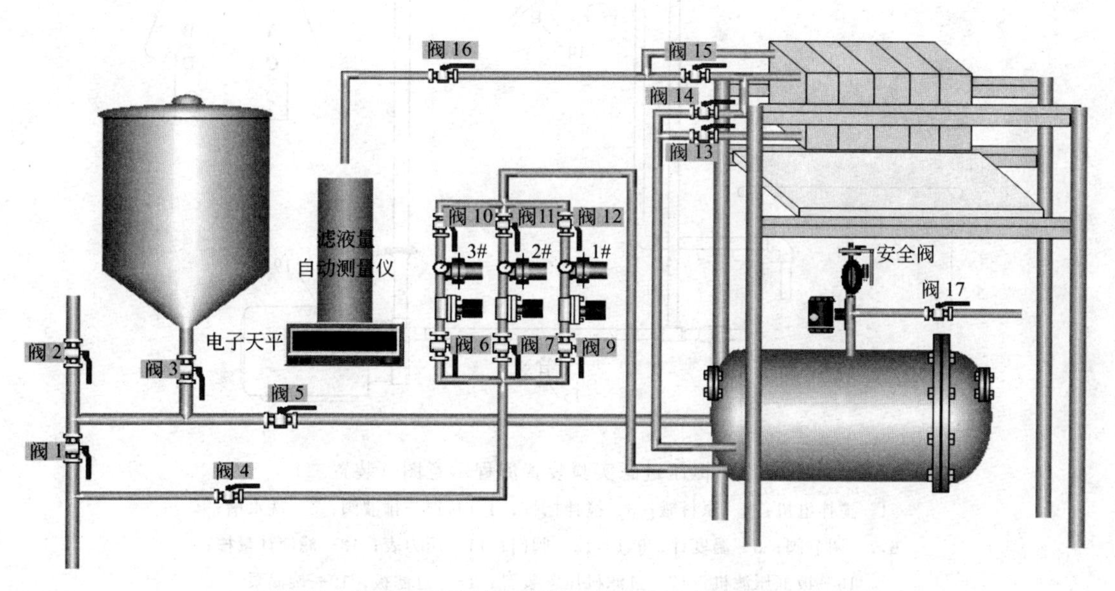

图 3-24　板框压滤机过滤流程（图中未示出阀 8、18、19）

$CaCO_3$ 的悬浮液在配料桶内配制一定浓度后，利用压差送入压力料槽中，用压缩空气加以搅拌使 $CaCO_3$ 不致沉降，同时利用压缩空气的压力将滤浆送入板框压滤机过滤，滤液流入量筒计量，压缩空气从压力料槽上排空管中排出。

板框压滤机的结构尺寸：框厚度 25mm，每个框过滤面积 $0.024m^2$，框数 2 个。

空气压缩机规格型号：ZVS-0.06/7，风量 $0.06m^3/min$，最大气压 0.8MPa。

2. 实验装置二

（1）实验装置流程

实验装置流程如图 3-25 所示。原料罐内配有一定浓度的轻质碳酸钙悬浮液（浓度在 6%～8%左右），用电动搅拌器进行均匀搅拌（以浆液不出现旋涡为好）。启动旋涡泵 19，调节阀门 7 使压力表 11 指示在规定值。滤液在计量槽内计量。

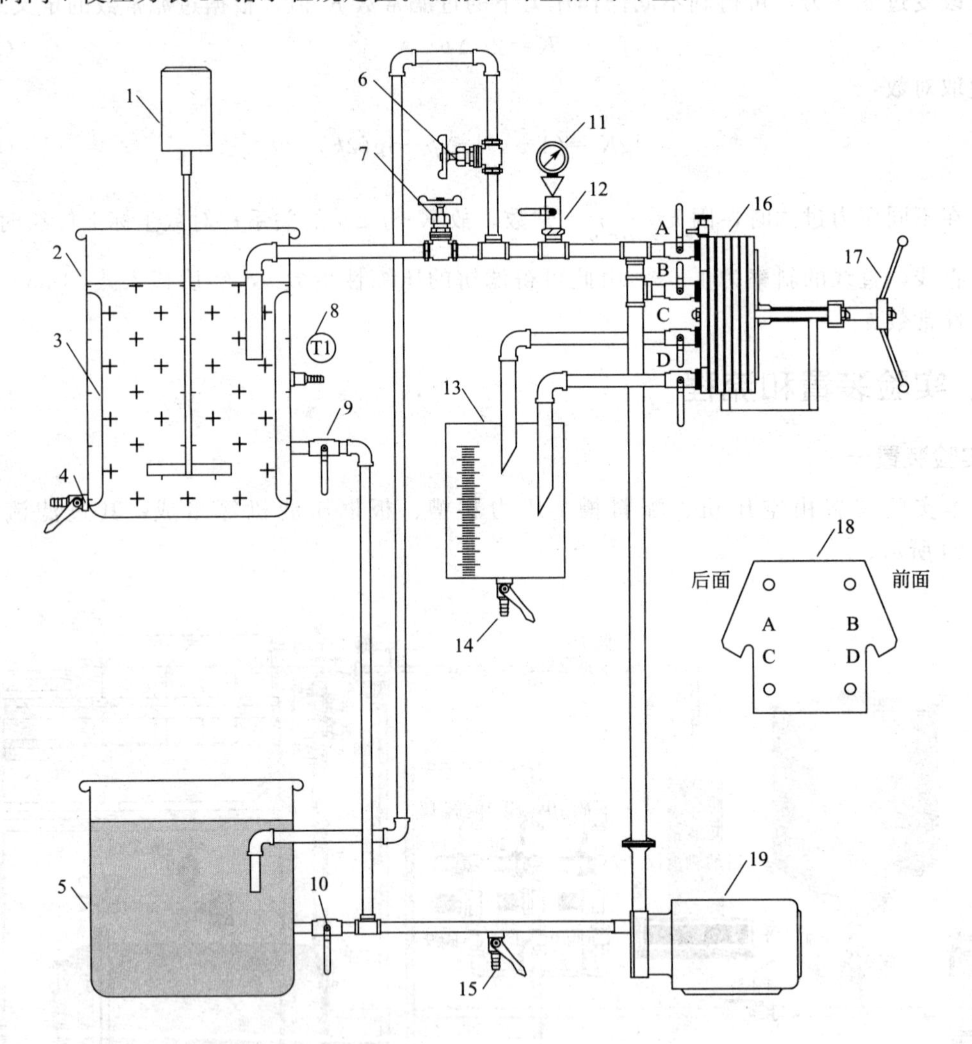

图 3-25　恒压过滤实验装置流程示意图（装置二）

1—搅拌电机；2—原料罐；3—搅拌挡板；4,14,15—排液阀；5—洗水槽；6,7—调节阀；8—温度计；9,10,12—阀门；11—压力表；13—滤液计量槽；16—板框压滤机；17—过滤机压紧装置；18—过滤板；19—旋涡泵

实验装置中过滤、洗涤管路分布如图 3-26 所示。

（2）实验设备主要技术参数（表 3-30）

表 3-30　恒压过滤常数测定实验设备主要技术参数

序号	名称	规格	材料
1	搅拌器	型号:KDZ-1	
2	过滤板	160mm×180mm×11mm	不锈钢
3	滤布	工业用	
4	过滤面积	0.0475m^2	
5	计量桶	长 327mm,宽 286mm	

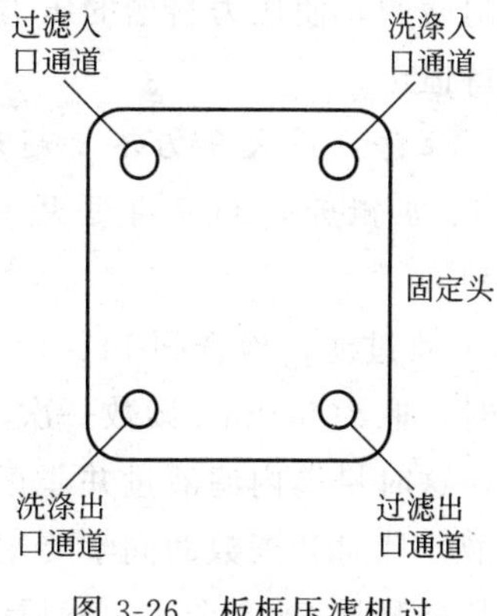

图 3-26　板框压滤机过滤、洗涤管路分布

(3) 实验装置面板图（图 3-27）

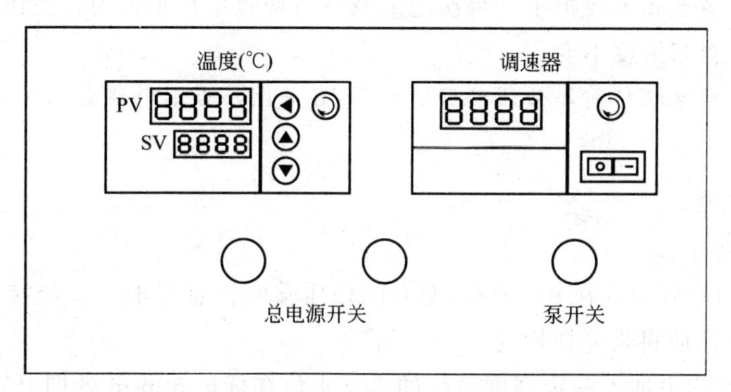

图 3-27　恒压过滤常数测定实验设备仪表面板示意图

五、实验操作及注意事项

1. 实验装置一

(1) 实验准备工作

① 在配料槽中配制质量浓度为 10%～20%的 $CaCO_3$悬浮液。

② 关闭阀 2、4、5，打开阀 1（图 3-24），开启空压机，慢慢微开进气阀 3（开度不要太大，否则易使料浆喷出配料槽)，将压缩空气通入配料槽，使 $CaCO_3$悬浮液搅拌均匀。

③ 正确装好滤板、滤框及滤布。滤布使用前用水浸湿，安装时滤布孔要对准滤机孔道，表面要拉平整，不起皱纹，板和框的排列顺序必须正确，然后用压紧螺杆压紧板和框。

(2) 过滤实验

① 全开阀 17，将压力料槽内的压力全卸掉（否则进料时易造成料浆倒灌甚至从配料槽溢出)，关闭阀 1，打开进料阀门 3 和阀门 5，使配料槽中的料浆流入压力料槽至其视镜 1/3～1/2 处（相应的配料槽内液面大约下降 30cm)，关闭进料阀 3 和阀 5。

② 将压缩空气通入压力料槽并调节过滤压力：打开阀 4、1 和其中一组调压阀门，使压缩空气通入压力料槽。压力料槽的压力可先通过进气阀和排气阀 17 粗调，再通过调压

阀门微调，使压力料槽的压力调至指定值（表压分别为0.1MPa、0.2MPa、0.3MPa）并维持恒定。

注意：最大压力不要超过0.3MPa，从低压开始做实验比较好；压力料槽的排气阀17应微开，如开得过大不能维持压力且要喷浆，如关严则压力料槽内料浆不能搅拌均匀。

③ 过滤：检查阀14、18、19是否关闭，全开阀13、15，当滤液从出水管流出时开始计时，取约800mL读数一次（量筒交换接滤液时不要流失滤液。ΔV约800mL时替换量筒，这时量筒内滤液量并非正好800mL，需等量筒内滤液静止后读出准确的ΔV值）。接滤液、计时和读数的同学要密切配合，协调一致。每次滤液均收集在小桶内。每个压力下的数据测量6～8个后，然后关闭阀13、15，切换压力做下一组实验。

注意：实验过程中滤液呈线状流出时，滤渣充满滤框，停止过滤。

④ 实验结束时，停空压机，关闭调压阀门、阀4、阀1。旋开压紧螺杆，清洗滤框、滤板、滤布，注意滤布不要折了，每次滤液及滤饼均收集在小桶内，滤饼弄细后重新倒入配料桶内，保证料浆浓度不变。

注意：旋开压紧螺杆前，必须确保进料阀13关闭，否则料浆会从压滤机喷出。

2. 实验装置二

（1）实验步骤

1）实验准备工作

① 原料罐内配好浓度在6%～8%左右的轻质碳酸钙悬浮液，系统接上电源，开启总电源，开启搅拌，使料浆搅拌均匀。

② 在滤液水槽中加入一定高度液位的水（水位在标尺50mm处即可）。

③ 板框过滤机板、框排列顺序为固定头→非洗涤板（·）→框（∶）→洗涤板（⋮）→框（∶）→非洗涤板（·）→可动头。用压紧装置压紧后待用。

2）过滤实验

① 阀门9、7全开，其他阀门全部关闭（图3-23）。启动旋涡泵19，打开阀门12，利用料液回水阀7调节压力，使压力表11达到规定值。

② 待压力表11数值稳定后，打开过滤后滤液入口阀A，随后快速打开过滤机出口阀门B、C开始过滤。当计量桶13内见到第一滴液体时开始计时，记录滤液每增加高度10mm时所用的时间。当计量桶13读数为150mm时停止计时，并立即关闭后进料阀B。

③ 打开料液回水阀7使压力表11指示值下降，关闭泵开关。放出计量槽内的滤液倒回槽内，以保证料浆浓度恒定。

3）洗涤实验

① 洗涤实验时全开阀门10、6，其他阀门全关。调节阀门6使压力表11达到过滤要求的数值。打开阀门B，随后快速打开过滤机出口阀门C开始洗涤。等到阀门B有液体流下时开始计时，洗涤量为过滤量的1/4。实验结束后，放出计量槽内的滤液到洗水槽5内。

② 开启压紧装置，卸下过滤框内的滤饼并放回滤浆槽内，将滤布清洗干净。

③ 改变压力值，从开始重复上述实验。压力分别为0.05MPa、0.10MPa、0.15MPa。

（2）操作注意事项

1）过滤板与过滤框之间的密封垫注意要放正，过滤板与过滤框上面的滤液进出口要对齐。滤板与滤框安装完毕后要用摇柄把过滤设备压紧，以免漏液。

2）计量槽的流液管口应紧贴桶壁，防止液面波动影响读数。

3）由于电动搅拌器为无级调速，使用时首先接上系统电源，打开调速器开关，调速钮一定由小到大缓慢调节，切勿反方向调节或调节过快，以免损坏电机。

4）启动搅拌前，用手旋转一下搅拌轴以保证启动顺利。

5）每次实验结束后将滤饼和滤液全部倒回料浆槽中，保证料液浓度保持不变。

六、实验数据记录和处理

1. 实验装置一

将实验数据填入表3-31～表3-34中。

表3-31 板框压滤机过滤常数的测定1（装置一）

第____套装置，过滤面积A____m^2；过滤压力Δp0.1MPa

序号	滤液体积 ΔV/mL	过滤时间 $\Delta\theta$/s	Δq /$m^3 \cdot m^{-2}$	q /$m^3 \cdot m^{-2}$	$\bar{q}$/$m^3 \cdot m^{-2}$	$\Delta\theta/\Delta q$ /$s \cdot m^{-1}$
1						
2						
3						
…						

表3-32 板框压滤机过滤常数的测定2（装置一）

第____套装置，过滤面积A____m^2；过滤压力Δp0.2MPa

序号	滤液体积 ΔV/mL	过滤时间 $\Delta\theta$/s	Δq /$m^3 \cdot m^{-2}$	q /$m^3 \cdot m^{-2}$	$\bar{q}$/$m^3 \cdot m^{-2}$	$\Delta\theta/\Delta q$ /$s \cdot m^{-1}$
1						
2						
3						
…						

表3-33 板框压滤机过滤常数的测定3（装置一）

第____套装置，过滤面积A____m^2；过滤压力Δp0.3MPa

序号	滤液体积 ΔV/mL	过滤时间 $\Delta\theta$/s	Δq /$m^3 \cdot m^{-2}$	q /$m^3 \cdot m^{-2}$	$\bar{q}$/$m^3 \cdot m^{-2}$	$\Delta\theta/\Delta q$ /$s \cdot m^{-1}$
1						
2						
3						
…						

表 3-34 恒压过滤常数测定实验数据处理结果（装置一）

序号	斜率	截距	过滤压力/MPa	K /$m^3\cdot m^{-2}\cdot s^{-1}$	q_e /$m^3\cdot m^{-2}$	θ_e /s
1						
2						
3						
…						
物料常数 k=________；压缩性指数 s=						

2. 实验装置二

将实验数据填入表 3-35、表 3-36 中。

表 3-35 板框压滤机过滤常数的测定（装置二）

第____套装置，过滤面积 A ____ m^2；计量桶长：____ mm，宽：____ mm；Δq ____ $m^3\cdot m^{-2}$

序号	高度 /mm	q /$m^3\cdot m^{-2}$	$\overline{q}$ /$m^3\cdot m^{-2}$	0.05MPa			0.10MPa			0.15MPa		
				θ /s	$\Delta\theta$ /s	$\Delta\theta/\Delta q$ /$s\cdot m^{-1}$	θ /s	$\Delta\theta$ /s	$\Delta\theta/\Delta q$ /$s\cdot m^{-1}$	θ /s	$\Delta\theta$ /s	$\Delta\theta/\Delta q$ /$s\cdot m^{-1}$
1												
2												
3												
…												

表 3-36 恒压过滤常数测定实验数据处理结果（装置二）

序号	斜率	截距	过滤压力/MPa	K /$m^3\cdot m^{-2}\cdot s^{-1}$	q_e /$m^3\cdot m^{-2}$	θ_e /s
1						
2						
3						
…						
物料常数 k=________；压缩性指数 s=						

七、思考题

（1）为什么过滤开始时，滤液常常有点浑浊，而过段时间后才变清？

（2）Δq 取大些好，还是取小些好？同一次实验，Δq 取值不同，所得 K、q_e、之值会不会不同？做$\frac{\Delta\theta}{\Delta q}$-$q$ 图时，q 值为什么取两时间间隔的平均值 $\overline{q}$？

（3）影响过滤速率的主要因素有哪些？当你在某一恒压下测得 K、q_e、q_e、θ_e值后，若将过滤压强提高一倍，上述三个值将有何变化？

实验 9 精馏实验

一、实验目的

（1）了解板式精馏塔的结构和操作。

（2）学习精馏塔性能参数的测量方法并掌握其影响因素。

二、实验内容

（1）测定精馏塔在全回流条件下，稳定操作后的全塔理论塔板数和全塔效率。

（2）测定精馏塔在部分回流条件下，稳定操作后的全塔理论塔板数和全塔效率。

三、实验原理

1. 全塔效率 E_T

全塔效率又称总板效率，是指达到指定分离效果所需理论板数与实际板数的比值，即

$$E_T=\frac{N_T-1}{N_P} \tag{3-37}$$

式中　N_T——完成一定分离任务所需的理论塔板数，包括蒸馏釜；

N_P——完成一定分离任务所需的实际塔板数。

全塔效率简单地反映了整个塔内塔板的平均效率，说明了塔板结构、物性系数、操作状况对塔分离能力的影响。对于塔内所需理论塔板数 N_T，可由已知的双组分物系平衡关系，以及实验中测得的塔顶、塔釜出液的组成，回流比 R 和热状况 q 等，用图解法求得。

2. 图解法求理论塔板数 N_T

图解法又称麦卡勃-蒂列（McCabe-Thiele）法，简称 M-T 法，其原理与逐板计算法完全相同，只是将逐板计算过程在 y-x 图上直观地表示出来。以下以乙醇-水体系[●]为例说明，乙醇-正丙醇体系[●]类似。

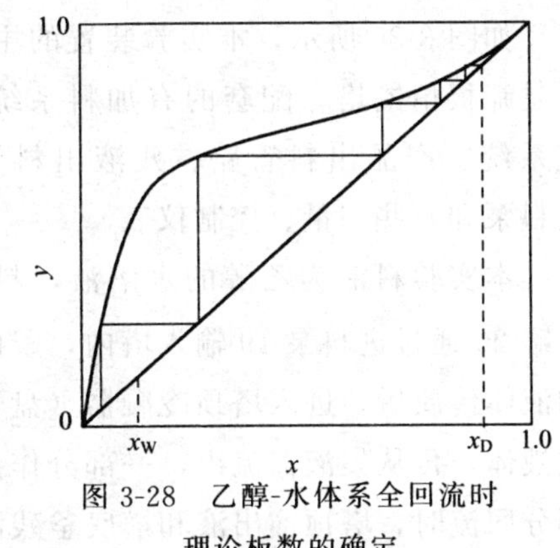

图 3-28　乙醇-水体系全回流时理论板数的确定

（1）全回流操作

在精馏全回流操作时，操作线在 y-x 图上为对角线，如图 3-28 所示，根据塔顶、塔釜的组成在操作线和平衡线间作梯级，即可得到理论塔板数。

（2）部分回流操作

进料热状况参数 q 按式(3-38) 计算：

$$q=\frac{c_{p,m}(t_S-t_F)+r_m}{r_m} \tag{3-38}$$

式中　t_F——进料温度，℃；

t_S——进料液的泡点温度，℃，由物料的进料组成 x_F，查物系的 t-x-y 图确定；

$c_{p,m}$——进料液在平均温度 $(t_s+t_F)/2$ 下的比热容，kJ/(kmol·℃)，由式(3-39) 得到；

● 乙醇-水体系的汽液平衡数据请查附录二 1.。

● 乙醇-正丙醇的汽液平衡数据请查附录二 2.。

r_{m}——进料液的汽化潜热，kJ/kmol，由式(3-40)可得。

$$c_{p,m}=c_{pA}M_{A}x_{A}+c_{pB}M_{B}x_{B} \tag{3-39}$$

$$r_{m}=r_{A}M_{A}x_{A}+r_{B}M_{B}x_{B} \tag{3-40}$$

式中 $c_{p,A}$，$c_{p,B}$——组分A、B在平均温度$(t_{S}+t_{F})/2$下的比热容，kJ/kmol·℃；

r_{A}，r_{B}——组分A、B在进料的泡点温度下的汽化潜热，kJ/kg；

M_{A}，M_{B}——组分A、B的摩尔质量，kg/kmol；

x_{A}，x_{B}——组分A、B在进料中的摩尔分数。

这样在 y-x 图上作出汽液平衡曲线、辅助线对角线、精馏段操作线、q 线和提馏段操作线，根据 x_{D}、x_{W} 在操作线和平衡线间作梯级，即可得到理论塔板数，如图3-29所示。

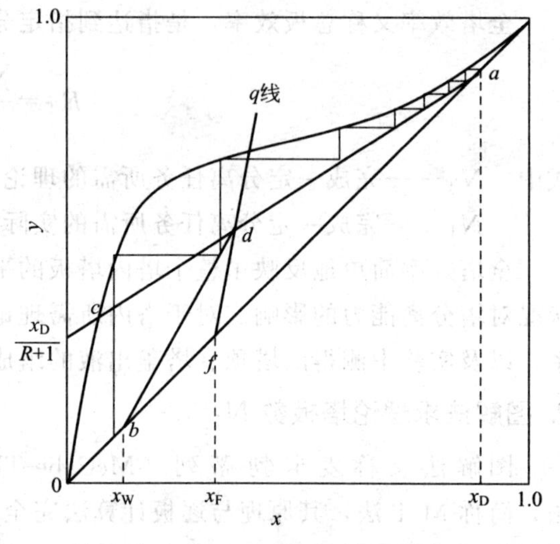

图3-29 乙醇-水体系部分回流时理论板数的确定

四、实验装置和流程

1. 实验装置一

（1）装置介绍

如图3-30所示，本实验装置的主体设备是筛板精馏塔，配套的有加料系统、回流系统、产品出料管路、残液出料管路、进料泵和一些测量、控制仪表。

本实验料液为乙醇的水溶液，料液从贮罐20通过进料泵19输入塔内，釜内液体由电加热器2产生蒸汽逐板上升，经与各板上的液体传质后，进入塔顶冷凝器（盘管冷凝器）9的管程，壳层的冷却水将蒸汽全部冷凝成液体，再从集液器流出，一部分作为回流液从塔顶流入塔内，另一部分作为产品馏出。部分回流时，塔顶馏出液和塔底釜残液同时返回原料贮罐，可以维持原料组成几乎不变，循环利用。

（2）设备主要技术参数

筛板塔主要结构参数：塔内径$D=68$mm，厚度$\delta=2$mm，塔节$\phi76$mm×4mm，塔板数$N=10$块，板间距$H_{T}=100$mm。加料位置为由上向下起数第6块板和第8块板。降液管采用弓形，齿形堰，堰长56mm，堰高7.3mm，齿深4.6mm，齿数9个。降液管底隙4.5mm。筛孔直径$d_{0}=1.5$mm，正三角形排列，孔间距$t=5$mm，开孔数为74个。塔釜为内电加热式，加热功率2.5kW，有效容积为10L。塔顶冷凝器、塔釜换热器均为盘管式。

2. 实验装置二

（1）实验装置流程示意图（图3-31）。

原料液从储料罐1经进料泵2以直接或间接方式进入塔内，塔釜内液体由电加热器4

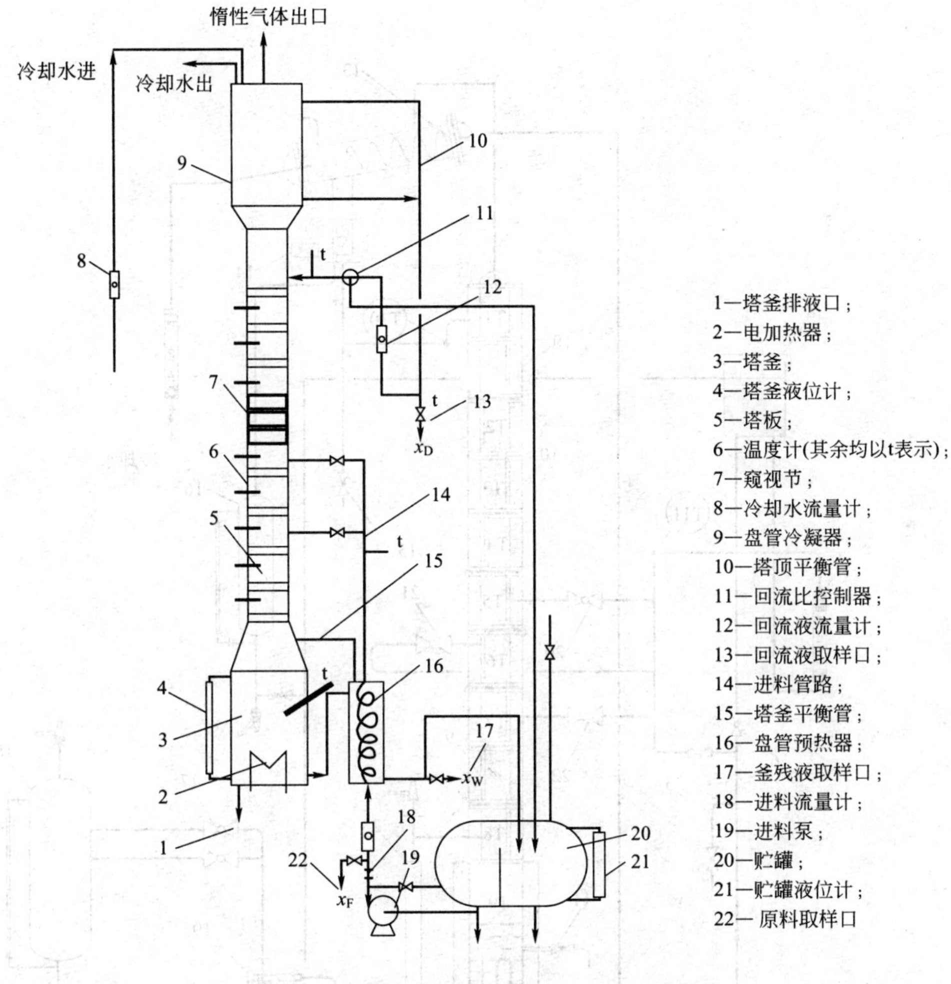

图 3-30　筛板精馏塔精馏过程示意图（装置一）

产生蒸汽逐板上升，经与板上的液体传质后，进入塔顶冷凝器 13 的管程，壳程的冷却水将蒸汽全部冷凝成液体，经回流比控制器 14，塔顶馏出液一部分返回塔内，一部分进入塔顶液回收罐 16。釜液经塔釜冷凝器 19 冷却后进入塔釜储料罐 18。

（2）实验设备主要技术参数（见表 3-37）。

表 3-37　精馏塔结构参数

名称	直径/mm×mm	高度/mm	板间距/mm	板数/块	板型或孔径/mm	降液管直径/mm×mm	材　质
塔体	ϕ57×3.5		100	9	筛板(2.0)	ϕ8×1.5	不锈钢
塔釜	ϕ100×2	300					不锈钢
塔顶冷凝器	ϕ57×3.5	300					不锈钢
塔釜冷凝器	ϕ57×3.5	300					不锈钢

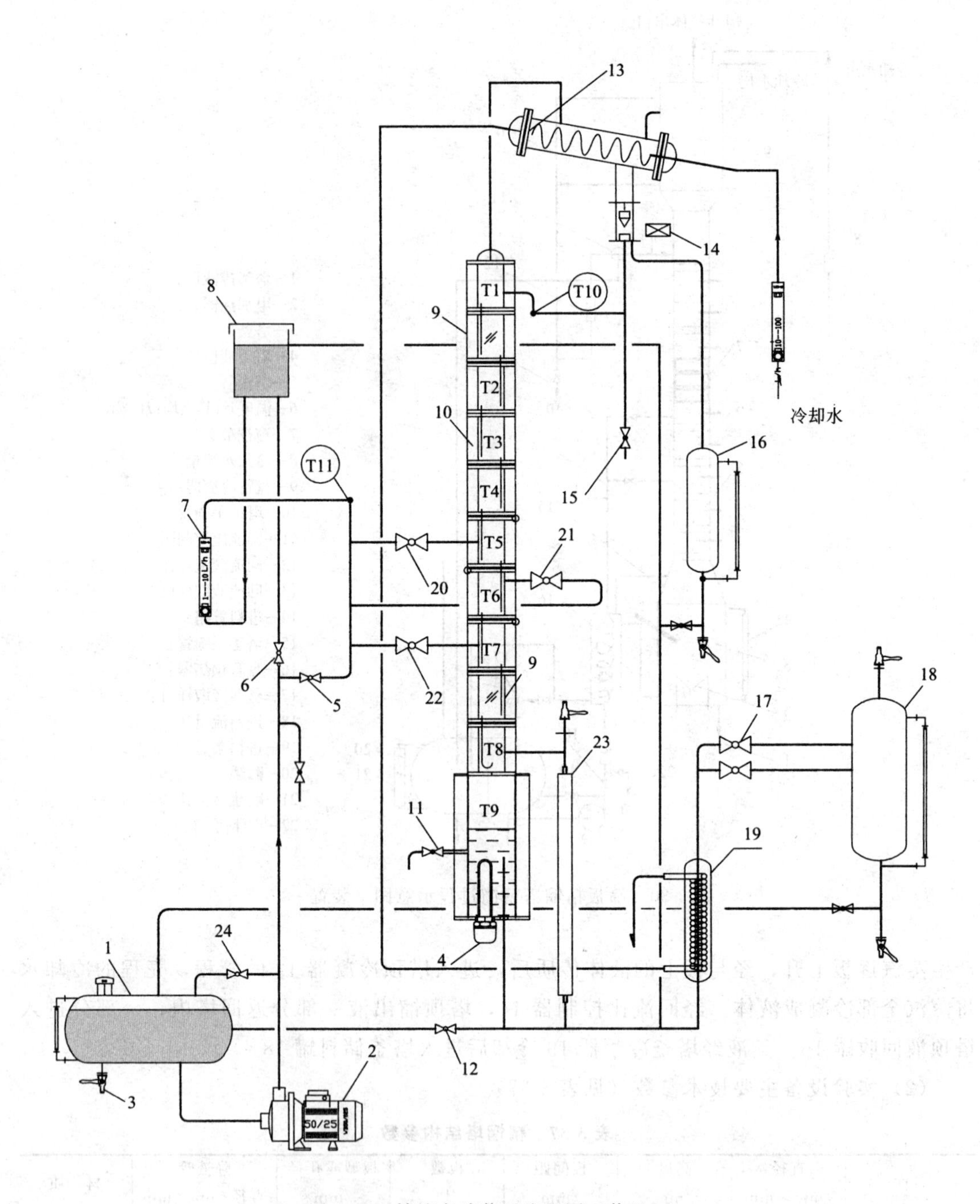

图 3-31　精馏实验装置流程图（装置二）

1—储料罐；2—进料泵；3—放料阀；4—加热器；5—直接进料阀；6—间接进料阀；7—流量计；8—高位槽；9—玻璃观察段；10—精馏塔；11—塔釜取样阀；12—釜液放空阀；13—塔顶冷凝器；14—回流比控制器；15—塔顶取样阀；16—塔顶液回收罐；17—电磁阀；18—塔釜储料罐；19—塔釜冷凝器；20—第五块板进料阀；21—第六块板进料阀；22—第七块板进料；23—磁翻转液位计；24—料液循环阀

（3）实验设备面板图（图 3-32）。

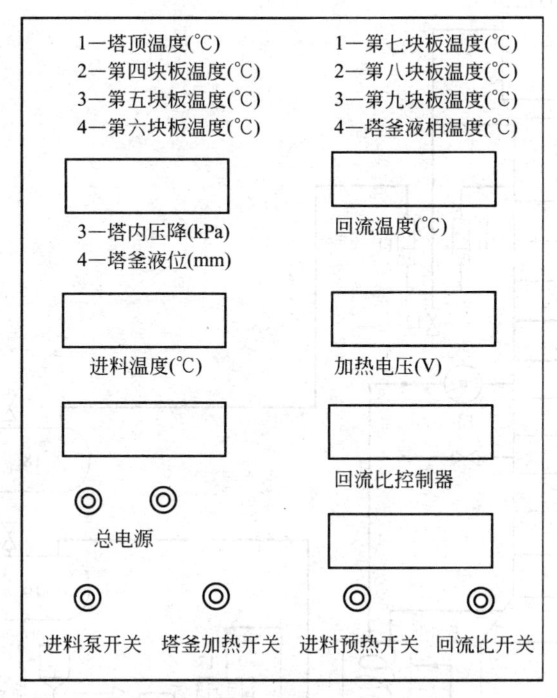

图 3-32　精馏设备仪表面板图

3. 实验装置三

本实验装置的主体设备是筛板精馏塔，配套的有加料系统、回流系统、产品出料管路、残液出料管路、进料泵和一些测量、控制仪表。

筛板塔主要结构参数：塔内径 $D=68\text{mm}$，厚度 $\delta=2\text{mm}$，塔节 $\phi 76\text{mm}\times 4\text{mm}$，塔板数 $N=10$ 块，板间距 $H_T=100\text{mm}$。加料位置由下向上起数第 4 块和第 6 块。降液管采用弓形，齿形堰，堰长 56mm，堰高 7.3mm，齿深 4.6mm，齿数 9 个。降液管底隙 4.5mm。筛孔直径 $d_0=1.5\text{mm}$，正三角形排列，孔间距 $t=5\text{mm}$，开孔数为 74 个。塔釜为内电加热式，加热功率 2.5kW，有效容积为 10L。塔顶冷凝器、塔釜换热器均为盘管式。单板取样为自下而上第 1 块和第 10 块，斜向上为液相取样口，水平管为气相取样口。

本实验料液为乙醇水溶液，釜内液体由电加热器产生蒸汽逐板上升，经与各板上的液体传质后，进入盘管式换热器壳程，冷凝成液体后再从集液器流出，一部分作为回流液从塔顶流入塔内，另一部分作为产品馏出，进入产品贮罐；残液经釜液转子流量计流入釜液贮罐（残液罐）。精馏过程如图 3-33 所示。

五、实验操作及注意事项

1. 实验装置一

（1）全回流操作

① 配制浓度为 15%～20%（酒精的体积分数，20℃）的乙醇水溶液，加入贮罐内，打开进料管路阀门，开启进料泵，将料液加入釜中，至釜容积的 2/3 处。

② 关闭塔身进料管路上的阀门和进料泵，启动电加热管电源，使塔釜温度缓慢上升

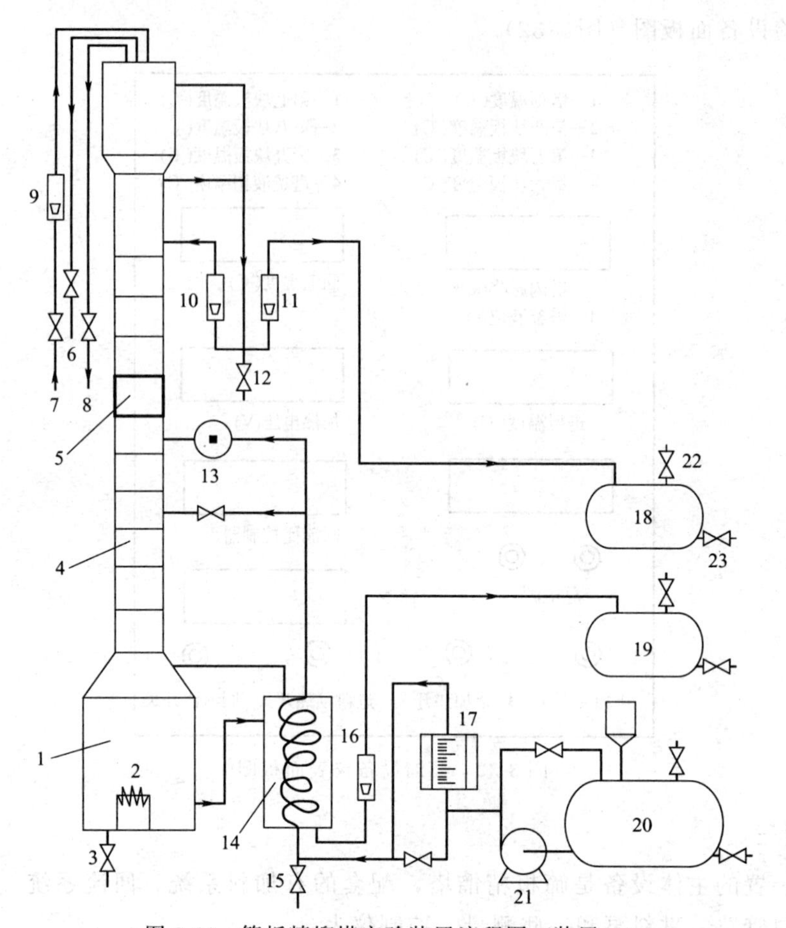

图 3-33　筛板精馏塔实验装置流程图（装置三）

1—塔釜；2—电加热器；3—塔釜排液口；4—塔节；5—玻璃视镜；6—不凝性气体出口；7—冷却水进口；8—冷却水出口；9—冷却水流量计；10—塔顶回流流量计；11—塔顶出料液流量计；12—塔顶出料取样口；13—进料阀（电磁阀）；14—换热器；15—进料液取样口；16—塔釜残液流量计；17—进料液流量计；18—产品贮罐；19—残液罐；20—原料罐；21—进料泵；22—排空阀；23—排液阀

（注意：严禁塔釜干烧）。

③ 打开塔顶冷凝器的冷却水，调节合适冷凝量（>120L/h），调节回流比控制器，使整塔处于全回流状态。

④ 当塔顶温度、回流量和塔釜温度稳定后，分别取塔顶馏出液和塔底釜残液，用酒精密度计进行检测，并通过《酒精溶液温度修正表》换算得出 20℃ 的酒精度，并进而计算出塔顶摩尔浓度 x_D 和塔釜摩尔浓度 x_W。

（2）部分回流操作

① 待塔全回流操作重新建立稳定后，打开进料管路阀门，开启进料泵，调节进料量至适当的流量，将料液加入釜中。

② 当塔釜与贮罐间管路显示有釜液采出时，调节回流比 R（$R=1\sim4$），让塔顶馏出液和塔釜釜残液同时返回原料贮罐进行循环使用，同时使原料组成几乎不变。

③ 当塔顶温度、回流液量和塔釜温度稳定后，分别取塔顶馏出液和塔釜釜残液，用

酒精比重计进行检测，并通过“酒精溶液温度修正表”换算得出20℃的酒精度，并进而计算出塔顶摩尔浓度 x_D 和塔釜摩尔浓度 x_W。

④ 记录进料温度 T（℃），确定加料热状态参数 q。

⑤ 全部数据测定完毕后，应先切断加热电源、关闭进料泵和进料阀门、关闭仪表电源及总电源，待塔顶蒸汽全部冷凝后，方可关闭冷却水阀门。取样液体测定后应倒入回收桶内重新使用，严禁随地乱倒，防止酒精蒸气着火燃烧。连续实验时，应将前一次实验时留存在塔釜、塔顶、加热器内的料液倒回原料液贮罐中循环使用。

(3) 注意事项

① 实验过程中严禁将自来水和其他杂质带入原料中。

② 塔顶放空阀一定要打开，否则容易因塔内压力过大导致危险。

③ 料液一定要加到设定液位2/3处方可打开加热管电源，否则塔釜液位过低会使电加热丝露出干烧致坏。

④ 部分回流时，一定要塔釜与贮罐间管路显示有釜液采出时，才进行回流比的调节。

2. 实验装置二

(1) 全回流操作

① 配制体积分数约为20%的乙醇-水溶液，并将其加入到储料罐中；开启进料泵，打开直接进料管路所有阀门和塔釜放空阀，将储料罐中的料液加入塔釜至釜容积的2/3处，而后关闭进料阀门、放空阀和进料泵。

② 打开塔顶冷凝器进水阀门，保证冷却水足量（60L/h即可）。

③ 启动塔釜加热开关，调节加热电压（150～170V，不超过180V），并检查回流比开关是否处于关的状态（此时才为全回流），待塔板上建立液层后再适当加大电压（不超过180V），使塔内维持正常操作。

④ 当各块塔板上鼓泡均匀后，保持塔釜加热电压不变，在全回流情况下稳定（塔顶和塔釜液体温度不变）20min左右。期间要随时观察塔内传质情况直至操作稳定，然后分别在塔顶、塔釜取样口用500mL烧杯同时取样约220mL（**液体温度较高，取样时注意防止烫伤**），冷却至30℃以下后，测定其温度和酒精度，并通过《酒精溶液温度修正表》换算出20℃的酒精度。

(2) 部分回流操作

① 待全回流操作稳定后，启动进料泵，打开间接管路上所有阀门，通过转子流量计调节进料流量为3.0～5.0L/h，打开进料预热开关。

② 用回流比控制器调节回流比 $R=1\sim10$。待操作稳定后（塔顶和塔釜液体温度不变），观察塔板上传质状况，记下进料温度，分别在塔顶、塔釜和进料三处用500mL烧杯取样约220mL（**液体温度较高，取样时注意防止烫伤**），冷却至30℃以下后，测定其温度和酒精度，并通过《酒精溶液温度修正表》换算出20℃的酒精度。

③ 取好实验数据并检查无误后可停止实验，此时先关闭进料预热开关和塔釜加热开关后，再关闭回流比控制器、关进料阀门、停进料泵（**必须先关加热再停止进料，否则容易干烧，烧坏加热器**）。

④ 将塔釜、釜残液回收罐、馏出液回收罐中的液体用泵打入储料罐中，并用泵循环

搅拌均匀后调节其体积分数约为20%。

⑤ 停止加热10min后再关闭冷却水，一切复原。

(3) 实验注意事项

① 启动塔釜加热开关（**务必确保塔釜内液位达2/3处才加热，否则易干烧**）。

② 进料流量波动，需维持稳定，否则进料预热器容易干烧。

③ 本实验设备加热功率由仪表自动调节，**注意控制加热升温要缓慢，以免发生爆沸(过冷沸腾)使釜液从塔顶冲出**。若出现此现象应立即断电，重新操作。升温和正常操作过程中釜的电功率不能过大。

④ **液体酒精度测定完后，需将液体回收到指定容器**。

⑤ 为便于对全回流和部分回流的实验结果（塔顶产品质量）进行比较，应尽量使两组实验的加热电压及所用料液浓度相同或相近。连续实验时，应将前一次实验时留存在塔釜、塔顶、塔底产品接收器内的料液混匀后循环使用。

3. 实验装置三的实验步骤及注意事项

本实验的主要操作步骤如下：

(1) 全回流

1) 配制浓度10%～20%（体积分数）的料液加入贮罐中，打开进料管路上的阀门，由进料泵将料液打入塔釜，观察塔釜液位计高度，进料至釜容积的2/3处。进料时可以打开进料旁路的闸阀，加快进料速度。

2) 关闭塔身进料管路上的阀门，启动电加热管电源，逐步增加加热电压，使塔釜温度缓慢上升（因塔中部玻璃部分较为脆弱，若加热过快玻璃极易碎裂，使整个精馏塔报废，故升温过程应尽可能缓慢）。

3) 打开塔顶冷凝器的冷却水，调节合适冷凝量，并关闭塔顶出料管路，使整塔处于全回流状态。

4) 当塔顶温度、回流量和塔釜温度稳定后，分别取塔顶浓度x_D和塔釜浓度x_W，采用酒精比重计进行分析。

(2) 部分回流

1) 在储料罐中配制一定浓度的乙醇水溶液（约10%～20%）。

2) 待塔全回流操作稳定时，打开进料阀，调节进料量至适当的流量。

3) 控制塔顶回流和出料两转子流量计，调节回流比R（$R=1\sim4$）。

4) 打开塔釜残液流量计，调节至适当流量。

5) 当塔顶、塔内温度读数以及流量都稳定后即可取样。

(3) 取样与分析

分别在塔顶、塔釜和进料三处用500mL烧杯取样约220mL（**液体温度较高，取样时注意烫伤**），冷却至30℃以下后，测定其温度和酒精度，并通过《酒精溶液温度修正表》换算出20℃的酒精度。

(4) 注意事项

1) 塔顶放空阀一定要打开，否则容易因塔内压力过大导致危险。

2) 料液一定要加到设定液位2/3处方可打开加热管电源，否则塔釜液位过低会使电加热丝露出干烧致坏。

3) 如果实验中塔板温度有明显偏差，是由于所测定的温度不是汽相温度，而是汽液混合的温度。

六、实验数据处理

1. 实验装置一

将实验数据填入表 3-38 中。

表 3-38　精馏实验原始数据及处理结果（装置一）

第________套装置;实际塔板数________;实验物系________							
项目		实测温度/℃	实测酒精度/(°)	20℃酒精度/(°)	乙醇摩尔分数/%	理论板数	全塔效率
全回流:$R=\infty$	塔顶组成						
	塔底组成						
部分回流 R:________ 进料量 F:________ $L \cdot h^{-1}$ 进料温度 t_F:________℃	塔顶组成						
	塔底组成						
	进料组成						

全回流时其他参数：________

部分回流时其他参数：________

2. 实验装置二、实验装置三

（1）实验数据记录

将实验数据填入表 3-39 中。

表 3-39　精馏实验原始数据及处理结果（装置二）

全回流：塔顶温度________℃；塔釜温度________℃

部分回流：进料流量________L/h；塔顶温度________℃；塔釜温度________℃

原始数据记录						数据处理结果
项目			实测温度/℃	实测酒精度/(°)	20℃酒精度/(°)	乙醇摩尔分数/%
全回流		馏出液				
		釜残液				
部分回流	$R=$	馏出液				
		釜残液				
		原料液				
		进料温度/℃				

（2）数据整理

① 按全回流和部分回流分别用图解法计算理论板数。

② 计算全塔效率。

七、思考题

（1）如何判断精馏操作已经稳定？

（2）根据实验结果说明，当回流比由部分回流增加到全回流时，塔顶产品的浓度如何变化？塔顶产量如何变化？化工设计和生产中回流比的选择有何重要意义？

（3）全回流和部分回流测得的全塔效率该不该近似相等？说明全回流的作用。

实验 10　氧气吸收与解吸实验

一、实验目的

（1）了解填料塔的结构及填料特性。

（2）了解吸收塔的基本流程和操作方法。

（3）观察填料吸收塔内气、液两相的流动情况。

（4）测定压降与气速的关系曲线，加深对填料塔流体力学性能基本理论的理解。

（5）掌握总传质系数测定方法并分析影响因素，加深对填料塔传质性能理论的理解。

二、实验内容

（1）确定不同喷淋密度下空塔气速和填料层压降的关系，在双对数坐标上绘制$\Delta p/z$-u 曲线，并用文字加以说明。

（2）测定某一操作条件下（不同气量和液量下）的体积传质系数 $K_x a$，并进行关联，得到 $K_x a = AL^a V^b$ 的关联式。

三、实验原理

本装置先用吸收塔将水吸收纯氧形成富氧水后（并流操作），送入解吸塔顶再用空气进行解吸（逆流操作），测定解吸塔的流体力学性能和传质性能。

1. 填料塔流体力学特性

气体通过干填料层时，流体流动引起的压降和湍流流动引起的压降规律相一致。在双对数坐标系中，此压降对气速作图可得直线（图 3-34 中 0 线）。当有喷淋量时，在低气速下（A 点以前）压降也正比于气速。随气速的增加，出现载点（图 3-34 中 A 点），持液量开始增大，压降-气速线向上弯，斜率变陡（图 3-34 中 AB 段）。到泛点（图 3-34 中 B 点）后，在几乎不变的气速下，压降急剧上升。

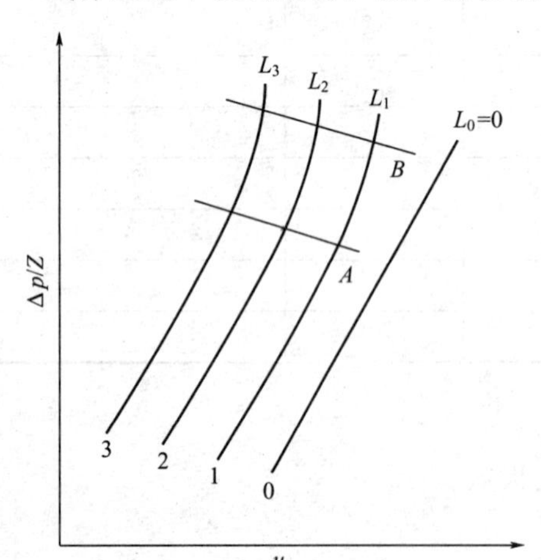

图 3-34　填料层压降 - 空塔气速关系示意图

设计填料塔时，应保证在空塔气速低于泛点气速下操作，如果要求压降很稳定，则宜在载点气速下工作。由于载点气速难以准确地确定，通常取操作空塔气速为泛点气速的 50%～80%。泛点气速的确定是填料塔设计和操作的重要依据，除了用实验方法测定外，还有不少较为准确的关联式和关联图标。

2. 传质实验

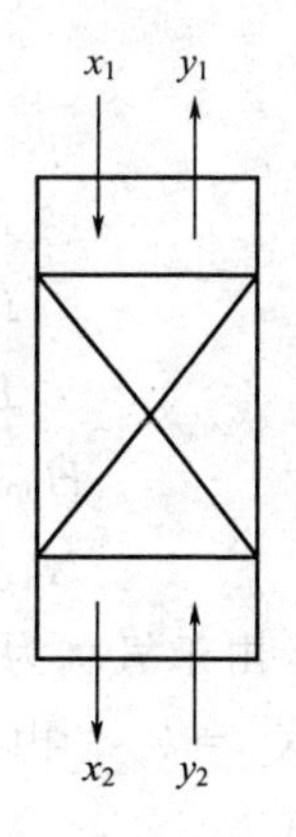

图 3-35　解吸塔气液相传递示意图

用总体积吸收系数 K_xa 可表征设备的传质性能，获取的根本途径是通过实验测定，对于相同的物系及一定的设备（填料类型与尺寸），K_xa 随操作条件及气液接触状况的不同而变化。

实验需测定不同液量和气量下的解吸总传质系数 K_xa，并进行关联，得到 $K_xa=AL^aV^b$ 的关联式。

本实验是对富氧水进行解吸，由于氧的溶解度很小，故液膜阻力控制整个解吸过程。同时由于富氧水浓度很小，可认为气液两相的平衡关系服从亨利定律，即平衡线为直线，操作线也是直线，因此可以用对数平均浓度差计算填料层传质平均推动力。

解吸塔气液相传递示意图如图 3-35 所示。

根据 H_{OL} 的定义式 $H_{OL}=\dfrac{L}{K_xa\Omega}$ 可得：

$$K_xa=\frac{L}{H_{OL}\Omega}=\frac{L}{Z\Omega}N_{OL}=\frac{L}{Z\Omega}\times\frac{x_1-x_2}{\Delta x_m}=\frac{G_A}{V_p\Delta x_m} \tag{3-41}$$

其中：

$$G_A=L(x_1-x_2)\quad V_p=Z\Omega$$

$$\Delta x_m=\frac{(x_1-x_1^*)-(x_2-x_2^*)}{\ln\dfrac{x_1-x_1^*}{x_2-x_2^*}} \tag{3-42}$$

式中　x_1^*——与出塔气相摩尔分数 y_1 平衡的液相摩尔分数（塔顶）；

x_2^*——与进塔气相摩尔分数 y_2 平衡的液相摩尔分数（塔底），表达式如下：

$$x_1^*=y_1/m \tag{3-43}$$

$$x_2^*=y_2/m \tag{3-44}$$

式中　y_1、y_2——分别为出塔、进塔的气相中氧的摩尔分数，可近似处理为 $y_1\approx y_2=0.21$；m 为相平衡常数，可由式(3-45) 得到：

$$m=\frac{E}{P} \tag{3-45}$$

式中　E——亨利常数，氧气在不同温度下的亨利常数为

$$E=[-8.5694\times10^{-5}t^2+0.07714t+2.56]\times10^6\,(\text{kPa})$$

P——系统总压强，P=大气压+1/2（填料层压降）。

以上各式中　G_A——单位时间内氧的解吸量，kmol/h；

K_xa——总体积传质系数，kmol/(m³·h·Δx)；

V_p——填料层体积，m³；

Δx_m——液相对数平均浓度差；

x_1——液相进塔时的摩尔分数（塔顶）；

x_1^*——与出塔气相摩尔分数 y_1 平衡的液相摩尔分数（塔顶）；

x_2——液相出塔的摩尔分数（塔底）；

x_2^*——与进塔气相摩尔分数 y_2 平衡的液相摩尔分数（塔底）；

Z——填料层高度，m；

Ω——塔截面积，m^2；

L——解吸液流量，kmol/h；

H_{OL}——以液相为推动力的传质单元高度，m；

N_{OL}——以液相为推动力的传质单元数。

由于氧气为难溶气体，在水中的溶解度很小，因此传质阻力几乎全部集中于液膜中，即 $K_x=k_x$，由于属液膜控制过程，所以要提高总传质系数 K_xa，应增大液相的湍动程度。

在 y-x 图中，解吸过程的操作线在平衡线下方，本实验中还是一条平行于横坐标的水平线（因氧在水中浓度很小）。

本实验在计算时，气液相浓度的单位用摩尔分数而不用摩尔比，这是因为在 y-x 图中，平衡线为直线，操作线也是直线，计算比较简单。

四、实验装置和流程

1. 实验装置一

（1）装置介绍

如图 3-36 所示，本装置主要由氧气钢瓶、吸收塔、解吸塔及配套的风机、水泵、测试仪表等组成。

钢瓶 1 中的氧气经过减压后进入缓冲罐 3，压力控制在 0.05MPa 左右，经氧气转子流量计 4、水缓冲罐 5，在吸收塔 9 内与水并流且溶入其中得到富氧水，然后在解吸塔内完成解吸操作。在解吸塔 18 内，富氧水从塔顶喷淋，空气由风机 10 先抽入缓冲罐 11，经空气转子流量计 13 和孔板流量计 16 计量后进入解吸塔 18 的塔底，对富氧水进行解吸后从塔顶排空，而贫氧水从塔底排出后返回贮水罐 20 循环利用。

本装置的空气流量分别采用了转子流量计 13 和孔板流量计 16 计量，两种计量方式的空气流量计算如下：

① 采用转子流量计时，使用状态下的空气流量刻度修正值 V_2：

$$V_2=V_1\sqrt{\frac{p_1T_2}{p_2T_1}}\ (\mathrm{m^3/h})$$

式中 V_1——空气转子流量计示值，m^3/h；

T_1，p_1——标定状态下空气的温度和压强，K，kPa；

T_2，p_2——使用状态下空气的温度和压强，K，kPa。

② 孔板流量计的计算公式：

$$V=A_1R^{A_2}$$

式中 V——流量，m^3/h；

R——孔板压降，kPa；

A_1，A_2——孔板流量计参数，$A_1=18.3$，$A_2=0.51$。

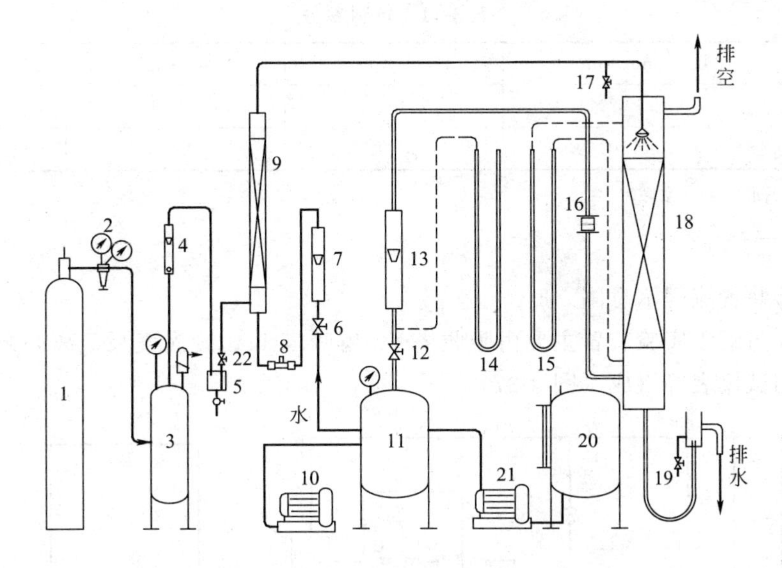

图3-36　氧气吸收与解吸实验装置流程（装置一）

1—氧气钢瓶；2—减压阀；3—氧气缓冲罐；4—氧气转子流量计；5—水缓冲罐；6—水流量调节阀；7—水流量计；8—涡轮流量计；9—氧气吸收塔；10—风机；11—空气缓冲罐；12—空气流量调节阀；13—空气转子流量计；14—计前压差计；15—全塔压差计；16—孔板流量计；17—富氧水取样口；18—氧气解吸塔；19—贫氧水取样口；20—贮水罐；21—水泵；22—防倒灌阀

(2) 设备与仪表规格

鼓风机 BYF7122 型，功率 370W；电加热器额定功率 4.5kW；干燥室 180mm×180mm×1250mm。

干燥物料采用湿毛毡等；称重传感器 CZ300 型，0～300g。

① 部分仪表参数设定见表 3-40。

表 3-40　氧解吸实验部分仪表参数设定

仪表＼参数	空气温度/℃	空气压力/kPa	空气孔板压降/kPa	塔压降/kPa	涡轮流量/$L \cdot h^{-1}$	水温度/℃
Sn	21	33	33	33		21
DIP	1	2	2	2	2	1
DIL		0	0	0		
DIH		20	20	20		
CF	0	0	0	0	0	0
Addr	1	2	3	4	5	6
bAud	9600	9600	9600	9600	9600	9600

② 主要设备参数：解吸塔径 0.10m；填料高 0.75m；吸收柱塔径 0.032m。

③ 填料参数见表 3-41。

表 3-41　填料参数

名称	尺寸/mm×mm×mm	a_t/m²·m⁻³	ε/m³·m⁻³	(a_t/ε)/m²·m⁻³
瓷拉西环	12×12×1.3	403	0.764	527
金属θ环	10×10×0.1	540	0.97	557

注：a_t—比表面积；ε—空隙率。

2. 实验装置二

（1）实验装置流程示意图

氧气吸收与解吸实验装置主要由吸收塔 4、解吸塔 11、旋涡气泵、离心泵、氧气缓冲罐及配套的测试仪表等组成（图 3-37）。

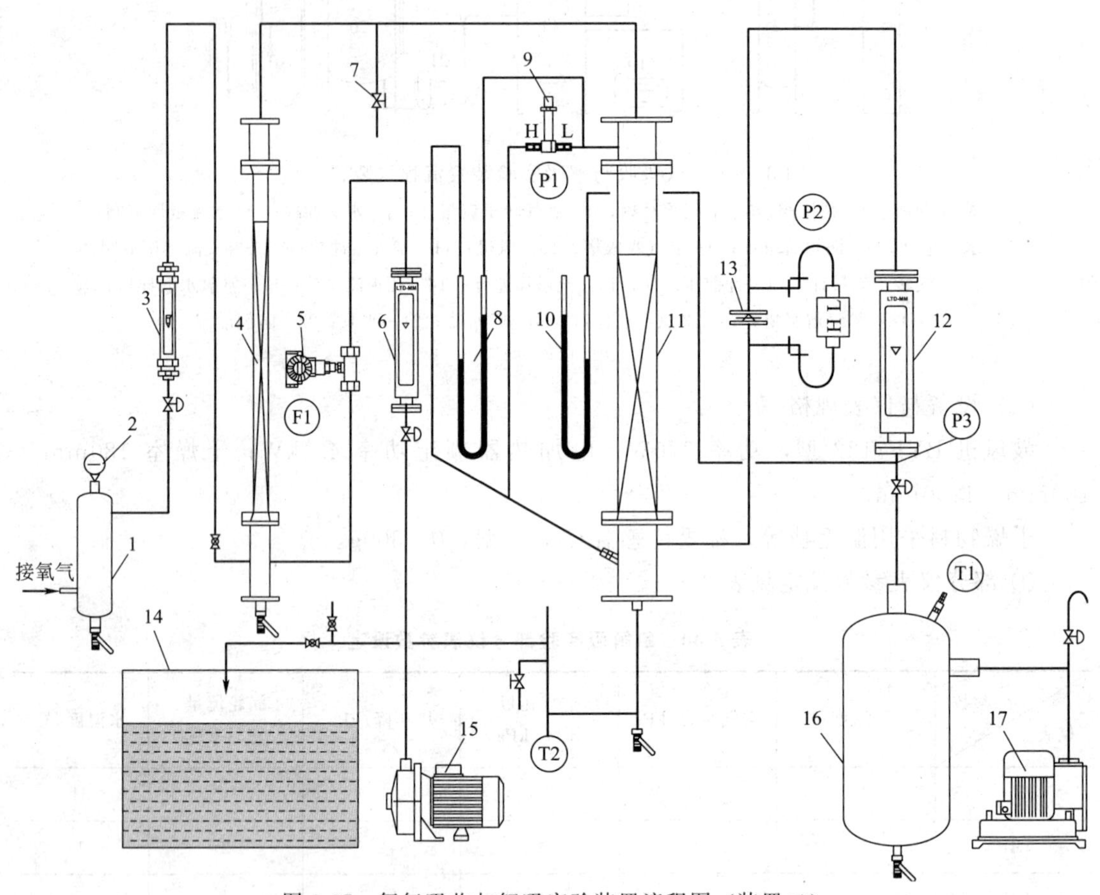

图 3-37　氧气吸收与解吸实验装置流程图（装置二）

1—氧气缓冲罐；2—压力表；3—氧气转子流量计；4—吸收塔；5—涡轮流量计；6—水转子流量计；7—取样阀；8，10—U 形管压差计；9—塔压降传感器；11—解吸塔；12—空气转子流量计；13—孔板流量计；14—水箱；15—离心泵；16—空气缓冲罐；17—旋涡气泵

来自钢瓶中的氧经过氧气缓冲罐 1 和转子流量计 3 计量后进入吸收塔 4 塔底，水箱 14 中的水经离心泵 15 输送并由转子流量计 6 和涡轮流量计 5 计量后通入吸收塔 4 塔底，水与氧气在吸收塔 4 塔底并流而上，形成富氧水后送入解吸塔 11 塔顶喷淋而下，解吸需要的空气由旋涡气泵 17 输送经空气缓冲罐 16、转子流量计 12 和孔板流量计 13 计量后进入解吸塔 11 塔底，空气和富氧水在解吸塔 11 中逆流接触进行解吸后，贫氧水由塔底排出

至水箱 14 循环利用，富气排空。

解吸塔的全塔压降由塔压降传感器 9 和 U 形管压差计 8 计量，空气入塔前的压力由 U 形管压差计 10 计量。

（2）设备与仪表规格

① 吸收塔：玻璃管内径 $D=0.030$m，内装 ϕ6mm×10mm 不锈钢拉西环；填料层高度 $Z=1.0$m。

② 解吸塔：玻璃管内径 $D=0.1$m，内装 ϕ10mm×10mm 陶瓷拉西环；填料层高度 $Z=0.85$m。

③ 流量测量仪表：

O_2 转子流量计：型号 LZB-4，流量范围 0.025～0.25L/h，精度 2.5%；

空气转子流量计：型号 LZB-40，流量范围 4～40m^3/h，精度 2.5%；

水转子流量计：型号 LZB-15，流量范围 16～160L/h，精度 2.5%。

（3）氧气吸收与解吸实验装置仪表面板（图 3-38）

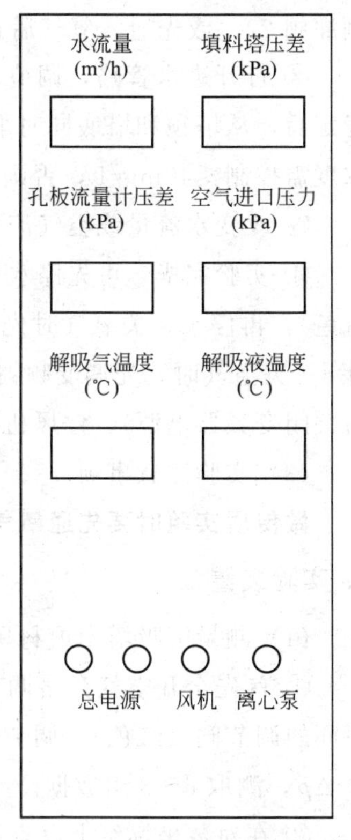

图 3-38 氧气吸收与解吸实验装置仪表面板图（装置二）

五、实验操作及注意事项

1. 实验装置一

（1）流体力学性能测定

① 开启仪表控制柜上的总电源开关、风机开关，打开变频器电源，启动风机，通过改变变频器频率［空气流量调节阀 12（图 3-36）全开］或空气流量调节阀 12（变频器频率调至 50Hz），在最小和最大流量范围内调节空气流量，测定气体通过干填料的压降，要求在整个流量范围内测定 10 组以上数据。

② 记录数显装置上除水温和水流量以外的其他数据。测试 6 组实验后，调小空气流量（通过闸阀），进行湿填料压降的测定。

③ 关小空气流量到较小值（不要关死）。打开水路前，为防止水倒灌入氧气管路，必须先确保水缓冲罐 5 上白色的氧气进气阀关闭后，再启动水泵，缓慢打开水流量调节阀 6（球阀，蓝色），进行预液泛，使填料充分润湿。然后固定某一喷淋量，从小到大调节空气流量，测定该组数据直到液泛为止。要求做两个不同喷淋密度下的压降曲线。实验接近液泛时，进塔气体的增加量要减小，否则图中泛点不容易找到。在测定数据的同时，请仔细观察气液流动过程接触状况。

（2）传质实验

① 打开氧气钢瓶，并缓慢调节钢瓶的减压阀（注意减压阀的开关方向与普通阀门的开关方向相反，顺时针为开，逆时针为关），减压后的氧气进入水缓冲罐 5，使罐内压力保持 0.03～0.04MPa，调节氧气转子流量计 4 的阀门，氧气流量稳定在 0.16～0.32L/min（实验过程中随时调节，使其稳定）。为防止水倒灌进入氧气转子流量计中，开水前要关闭防

倒灌阀22，或先通入氧气后通水。

② 打开进水管路，调节水流量为某一固定值（78～120L/h），待氧气解吸塔18操作稳定后，从塔顶和塔底同时取富氧水和贫氧水各400mL，用测氧仪测出氧浓度，富氧水浓度需控制≤40mg/L，否则需调节氧流量和水流量。记录数显装置上的数据。

③ 改变水流量或空气流量，多次重复实验。注意贮水罐的液位。

④ 实验完毕，可先停水后停氧，防止水进入氧气通路。关水时先关水路阀门（球阀，蓝色），再停泵。关氧气时先关氧气钢瓶总阀，将减压阀卸压后关闭，再关氧气转子流量计4。关空气时，先调变频器至0Hz，关变频器（先按▼键将频率降至最低时的5Hz，然后关闭变频器电源），停风机。检查总电源、总水阀及各管路阀门，确定安全后方可离开。

（3）实验注意事项

做传质实验时要先通氧气后通水，避免水倒灌进入缓冲罐内。

2. 实验装置二

（1）测量解吸塔干填料层（$\Delta p/Z$）-u关系曲线

① 首先全开空气旁路调节阀，然后启动风机。通过旁路调节阀和空气转子流量计12下面的调节阀（红色），调节进塔的空气流量。空气流量从小到大，稳定后读取填料层压降Δp，测取6～8组数据。

② 在对数坐标纸上以空塔气速u为横坐标，以单位高度的压降$\Delta p/Z$为纵坐标，标绘出干填料层（$\Delta p/Z$）-u关系曲线。

（2）测量解吸塔在一定喷淋量下填料层（$\Delta p/Z$）-u关系曲线

① 先进行预液泛，使填料表面充分润湿。

② 固定水在某一喷淋量下（80L/h、100L/h、120L/h），关闭离心泵出口阀，启动离心泵，调节进水流量到指定流量，按上述步骤改变空气流量，测定填料塔压降，测取8～10组数据。然后在对数坐标纸上以空塔气速u为横坐标，以单位高度的压降$\Delta p/Z$为纵坐标，标绘出干填料层（$\Delta p/Z$）-u关系曲线。

③ 改变水喷淋量，再做两组数据，并比较。

注意：实验接近液泛时，进塔气体的增加量不要过大，否则泛点不容易找到。密切观察表面气液接触状况，并注意填料层压降变化幅度，务必让各参数稳定后再读数。

（3）传质实验

① 熟悉实验流程及弄清溶氧仪的结构、原理、使用方法及注意事项。

② 水喷淋密度取10～15$m^3/(m^2 \cdot h)$，将氧气瓶打开，氧气减压后进入缓冲罐，氧气转子流量计保持0.05m^3/h左右。为防止水倒灌进入氧气转子流量计中，要先通入氧气后通水。启动离心泵，调节水流量至100L/h，当富氧水从解吸塔顶流下时，打开风机调节流量至10m^3/h。

③ 塔顶和塔底液相氧浓度测定：分别从塔顶与塔底同时取出富氧水和贫氧水各400mL，用溶氧仪分析其氧的含量，同时记录对应的水温。

（4）实验注意事项

① 启动风机前必须确保风机有一路阀门开启，避免风机在出口阀门全部关闭后启动烧坏。

② 做氧气吸收和解吸时要注意先通氧气后通水，避免水倒灌进入缓冲罐内。

六、实验数据处理

1. 实验数据记录和处理表格

（1）实验基本参数

实验装置：第____套。

解吸塔内径 D ____ m；解吸塔填料层高度 Z ____ m。

（2）记录和处理表格（表 3-42～表 3-45）

表 3-42　干填料压降测定数据（水流量 $L=0\text{L/h}$）

原始数据记录							数据处理结果	
序号	空气流量 $V_1/\text{m}^3\cdot\text{h}^{-1}$	空气温度 /℃	空气压力 /kPa	孔板压降 /kPa	全塔压降 Δp		空塔气速 $u/\text{m}\cdot\text{s}^{-1}$	单位高度填料层压降 $/\text{kPa}\cdot\text{m}^{-1}$
					mmH_2O	kPa		
1								
2								
3								
⋮								

表 3-43　湿填料压降测定数据（$L_1=$________ L/h）

原始数据记录							数据处理结果	
序号	空气流量 $V_1/\text{m}^3\cdot\text{h}^{-1}$	空气温度 /℃	空气压力 /kPa	孔板压降 /kPa	全塔压降 Δp		空塔气速 $u/\text{m}\cdot\text{s}^{-1}$	单位高度填料层压降 $/\text{kPa}\cdot\text{m}^{-1}$
					mmH_2O	kPa		
1								
2								
3								
⋮								

表 3-44　湿填料压降测定数据（$L_2=$____ L/h）

原始数据记录							数据处理结果	
序号	空气流量 $V_1/\text{m}^3\cdot\text{h}^{-1}$	空气温度 /℃	空气压力 /kPa	孔板压降 /kPa	全塔压降 Δp		空塔气速 $u/\text{m}\cdot\text{s}^{-1}$	单位高度填料层压降 $/\text{kPa}\cdot\text{m}^{-1}$
					mmH_2O	kPa		
1								
2								
3								
⋮								

表 3-45 解吸传质实验测定数据记录表格

序号	氧气流量 $V_{氧}$ /$m^3 \cdot h^{-1}$	水流量 $V_{水}$ /$L \cdot h^{-1}$	空气流量 $V_{空}$ /$m^3 \cdot h^{-1}$	全塔压降 Δp		富氧水质量浓度 w_1 /$mg \cdot L^{-1}$	贫氧水质量浓度 w_2 /$mg \cdot L^{-1}$	水温度 t/℃
				mmH_2O	kPa			
1								
2								
⋮								

说明：处理数据时空气流量按转子流量计读数即可；全塔压降在小流量时可按 U 形压差计读数（mmH_2O）或压差传感器读数（kPa）处理，但需注明。

2. 数据处理要求

（1）在对数坐标系上以空塔气速 u 为横坐标，以单位高度的压降 $\Delta p/Z$ 为纵坐标，得到干填料和两个喷淋量下的压降曲线（$\Delta p/Z$-u 关系曲线），并进行说明。

（2）研究不同空气流量和液体流量对液相总体积传质系数 K_xa 的影响，并进行关联，得到 $K_xa = AL^aV^b$ 的关联式。

七、思考题

（1）试分析影响传质系数的因素？

（2）气体流量和液体流量对氧解吸的 K_xa 的影响关系如何？哪个影响大些？为什么？

（3）当气体温度和液体温度不同时，应按哪种温度计算亨利系数 E？

（4）分析实验结果：在其他条件不变的情况下，增大液体流量，总体积传质系数 K_xa 如何变化？是否与理论一致，为什么？

实验 11　洞道干燥实验

一、实验目的

（1）了解洞道干燥装置的基本结构、工艺流程和操作方法。

（2）练习并掌握干燥曲线和干燥速率曲线的测定方法。

（3）练习并掌握物料含水量的测定方法，通过实验加深对物料临界含水量 X_c 概念及其影响因素的理解。

（4）练习并掌握恒速干燥阶段物料与空气之间对流传热系数的测定方法（实验装置二）。

（5）利用计算机控制和采集计算数据，对实验结果进行计算并绘制图像（实验装置二）。

二、实验内容

(1) 测绘某种物料在恒定干燥条件下的干燥曲线和干燥速率曲线，确定恒定干燥速率 U_c、临界含水量 X_c 和平衡含水量 X^*。

(2) 测定恒速干燥阶段该物料与空气之间的对流传热系数 α，并与经验公式计算值进行比较（实验装置二）。

三、实验原理

在设计干燥器的尺寸或确定干燥器的生产能力时，被干燥物料在给定干燥条件下的干燥速率、临界湿含量和平衡湿含量等干燥特性数据是最基本的技术依据参数。由于实际生产中被干燥物料的性质千变万化，因此对于大多数具体的被干燥物料而言，其干燥特性数据常常需要通过实验测定。

按干燥过程中空气状态参数是否变化，可将干燥过程分为恒定干燥条件操作和非恒定干燥条件操作两大类。若用大量空气干燥少量物料，则可以认为湿空气在干燥过程中温度、湿度均不变，再加上气流速度、与物料的接触方式不变，则称这种操作为恒定干燥条件下的干燥操作。

1. 干燥速率的定义

干燥速率的定义为单位干燥面积（提供湿分汽化的面积）、单位时间内所除去的湿分质量。即

$$U=\frac{dW}{S d\tau}=-\frac{G' dX}{S d\tau} \tag{3-46}$$

式中 U——干燥速率，又称干燥通量，$kg/(m^2 \cdot s)$；

S——干燥面积（试样暴露于气流中的表面积），m^2；

W——汽化的湿分量，kg；

τ——干燥时间，s；

G'——绝干物料的质量，kg；

X——干基含水量（物料湿含量），kg 湿分/kg 干物料；

负号"－"——X 随干燥时间的增加而减少。

2. 干燥曲线和干燥速率曲线

将湿物料试样置于恒定空气流中进行干燥实验，随着干燥时间的延长，水分不断汽化，湿物料质量减少。若记录物料不同时间下质量 G，直到物料质量不变为止，也就是物料在该条件下达到干燥极限为止，此时留在物料中的水分就是平衡水分 X^*。再将物料烘干后称重得到绝干物料质量 G'，则物料中瞬间含水率 X 为

$$X=\frac{G-G'}{G'} \tag{3-47}$$

计算出每一时刻的瞬间含水率 X，然后将 X 对干燥时间 τ 作图，如图 3-39 所示，即为干燥曲线。干燥曲线还可以变换得到干燥速率曲线。由已测得的干燥曲线求出不同 X 下的斜率 $\frac{dX}{d\tau}$，再由式(3-46) 计算得到干燥速率 U，将 U 对 X 作图，就是干燥速率曲线，

如图 3-40 所示。

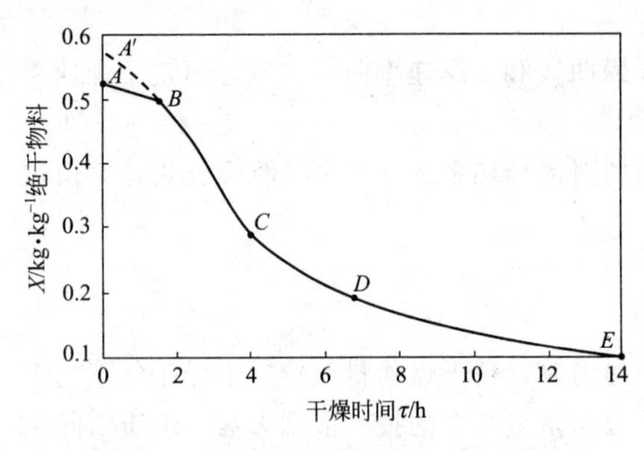

图 3-39 恒定干燥条件下的干燥曲线

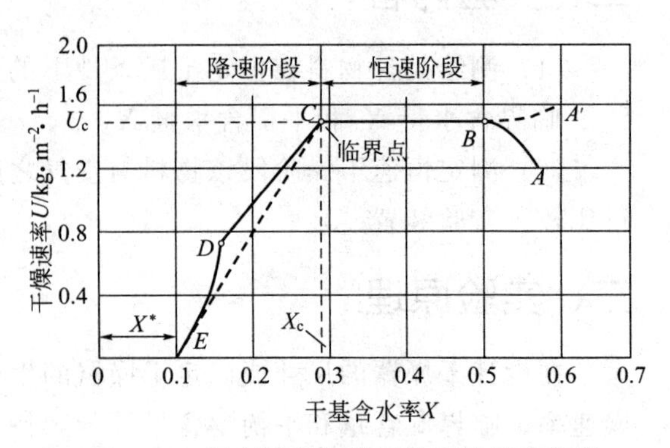

图 3-40 恒定干燥条件下的干燥速率曲线

由图 3-40 可得恒定干燥速率 U_c、临界含水量 X_c和平衡含水量 X^*。

3. 恒速干燥阶段对流传热系数的测定

通过实验测出恒速阶段干燥速率 U_c，由式(3-48) 可得对流给热系数 α 的值。

$$\alpha=\frac{U_c r_{t\mathrm{w}}}{t-t_\mathrm{w}} \tag{3-48}$$

式中 α——恒速干燥阶段物料表面与空气之间的对流传热系数，W/(m² · ℃)；

U_c——恒速干燥阶段的干燥速率，kg/(m² · s)；

t_w——干燥器内空气的湿球温度，℃；

t——干燥器内空气的干球温度，℃；

$r_{t\mathrm{w}}$——t_w 下水的汽化潜热，J/kg。

对静止物体，当空气流动方向平行于物料表面，湿空气质量流速 $L'=2450\sim29300$kg/(m² · h) 时，$\alpha=0.0204L'^{0.8}$ W/(m² · ℃)；当空气流动方向垂直于物料表面，湿空气质量流速 $L'=3900\sim19500$kg/(m² · h) 时，$\alpha=1.17L'^{0.37}$ W/(m² · ℃)。为此，可将实测的对流给热系数与按经验公式计算的对流给热系数进行比较，按式(3-49) 算出二者的相对误差，进行比较。

$$\delta=\frac{\alpha_{实测}-\alpha_{计算}}{\alpha_{计算}}\times100\% \tag{3-49}$$

本实验中，空气的体积流量由孔板流量计计量，根据节流式流量计的流量公式和理想气体的状态方程式可推导出：

$$V_t=V_{t_0}\times\frac{273+t}{273+t_0} \tag{3-50}$$

式中 V_t——干燥器内空气实际流量，m³/s；

t_0——流量计处空气的温度，℃；

V_{t_0}——常压下 t_0时空气的流量，m³/s；

t——干燥器内空气的温度，℃。

其中，V_{t_0} 由式(3-51) 计算得到：

$$V_{t_0}=C_0A_0\sqrt{\frac{2\Delta p}{\rho}} \tag{3-51}$$

式中　C_0——流量计流量系数，$C_0=0.65$；

A_0——节流孔开孔面积，m^2，可由节流孔的开孔直径d_0得到，$A_0=\frac{\pi}{4}d_0^2$，本实验$d_0=0.040m$；

Δp——节流孔上下游两侧压力差，Pa；

ρ——孔板流量计处t_0时空气的密度，kg/m^3。

四、实验装置和流程

1. 实验装置一

（1）装置介绍

如图3-41所示，本装置主要由洞道干燥器、风机、称重传感器、加热器以及干球温度计、湿球温度计等组成。

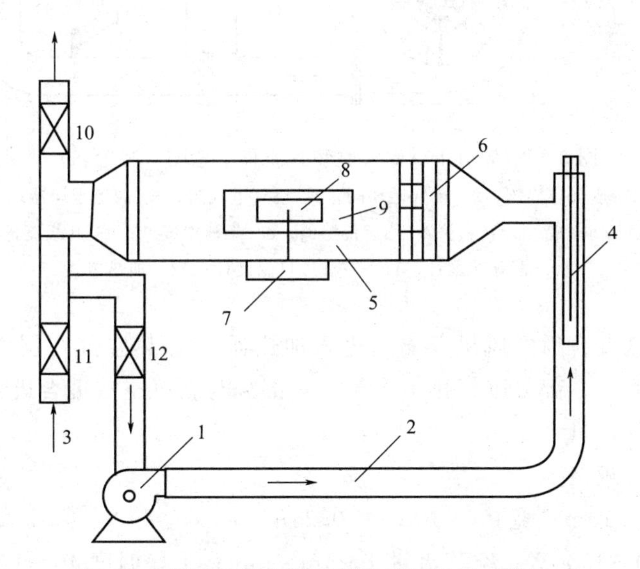

图3-41　洞道干燥实验装置流程示意图（装置一）

1—风机；2—管道；3—进风口；4—加热器；5—洞道干燥器；
6—气流均布器；7—称重传感器；8—湿毛毡；9—玻璃视镜门；10～12—蝶阀

新鲜空气与废气混合后经风机输送进入加热器4，热空气在洞道干燥器5内与湿物料进行热质传递后，一部分废气排出大气，一部分与新鲜空气混合进行废气循环。

（2）设备与仪表规格

鼓风机BYF7122型，370W；电加热器额定功率4.5kW；干燥室180mm×180mm×1250mm。

干燥物料为湿毛毡等；称重传感器CZ300型，0～300g。

2. 实验装置二

（1）实验装置流程示意图

本装置主要由洞道干燥器、风机、称重传感器、加热器、干球温度计、湿球温度计等组成，如图3-42所示。

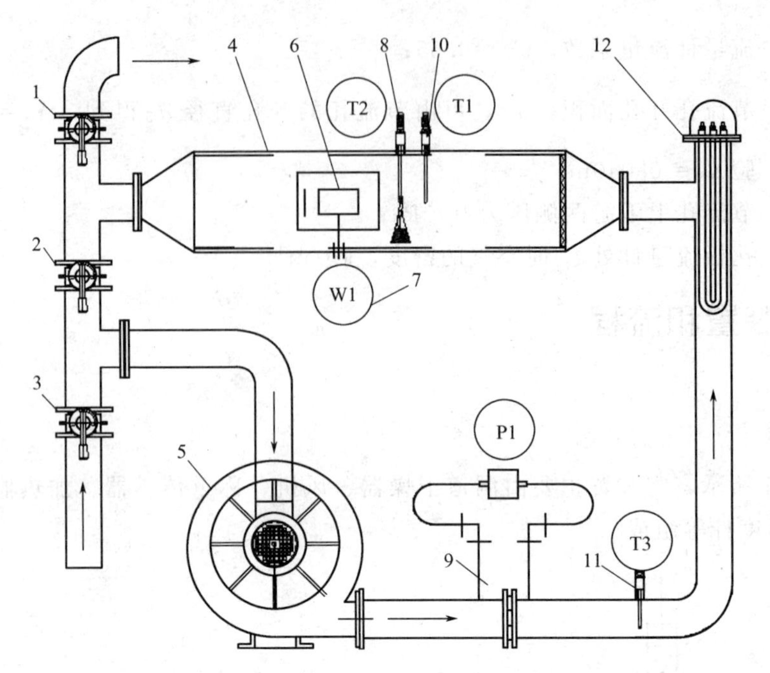

图 3-42　洞道干燥器实验装置流程示意图（装置二）

1—废气排出阀；2—废气循环阀；3—空气进气阀；4—洞道干燥器；
5—风机；6—待干燥物料；7—称重传感器；8—干球温度计；9—孔板流量计；
10—湿球温度计；11—空气进口温度计；12—加热器

新鲜空气与废气混合后经风机 5 输送进入加热器 12，热空气在洞道干燥器 4 内与湿物料进行热质传递后，一部分废气排出大气，一部分与新鲜空气混合进行废气循环，空气流量由孔板流量计 9 计量。

（2）设备与仪表规格

洞道尺寸：长 1.16m；宽 0.190m；高 0.24m。

加热功率：500～1500W；空气流量 1～5m^3/min；干燥温度 40～120℃。

称重传感器显示仪：量程 0～200g。

干球温度计、湿球温度计显示仪：量程 0～150℃。

孔板流量计处温度计显示仪：量程 0～100℃。

孔板流量计压差变送器和显示仪：量程 0～10kPa。

（3）洞道干燥器实验装置仪表面板图（见图 3-43）

五、实验操作及注意事项

1. 实验装置一

（1）将待干燥物料（毛毡）放入水中浸湿，将放湿球温度计纱布的烧杯装满水。

（2）开启总电源、仪表电源，启动风机，开启加热。

（3）在空气温度（根据物料情况，一般在 70～80℃，不要超过 80℃，可通过加热电流和废气循环来调节）稳定约 5min 时，读取称重传感器测定托架的质（重）量 W_2 并记录下来。

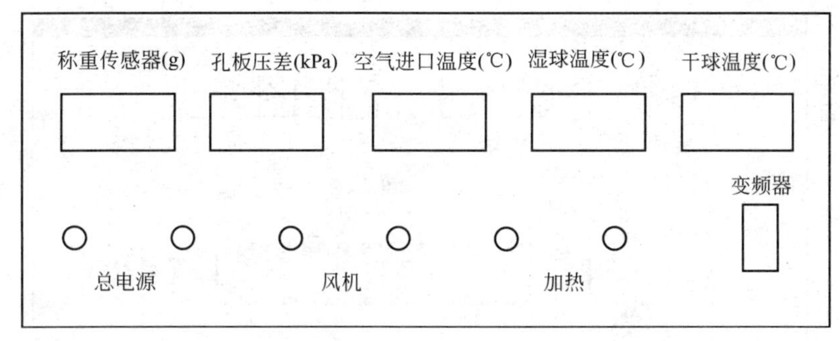

图 3-43　洞道干燥器实验装置仪表面板图（装置二）

（4）将充分浸湿的物料（毛毡）固定在称重传感器的托架上并与气流平行放置。

（5）在系统稳定状况下，每隔 1min 记录一次控制柜上显示的质量数据 W_1（为物料和托架质量之和），直至干燥物料的质量不再明显减轻为止。

（6）实验结束先关闭加热，待干球温度降至常温后关闭风机、仪表电源和总电源，一切复原。

（7）将毛毡取出后放入烘箱中，在 120℃条件下烘干 30min 至恒重，马上取出用天平称量其绝干质量 G'，并关闭烘箱电源。

2. 实验装置二

（1）手动操作

① 将待干燥物料（帆布）放入水中浸湿，将放湿球温度计纱布的烧杯装满水。

② 调节送风机吸入口的空气进气阀 3 到全开的位置后启动风机。

③ 通过废气排出阀 1 和废气循环阀 2 调节空气到指定流量后，开启加热开关。在智能仪表中设定干球温度 60～70℃，仪表自动调节到指定的温度。

④ 在空气温度、流量稳定后，读取称重传感器测定支架的质量 W_2并记录下来。

⑤ 把充分浸湿的干燥物料（帆布）固定在称重传感器 7 上并与气流平行放置。

⑥ 在系统稳定状况下，记录干燥时间每隔 3min 时称重传感器显示的质量 W_1（为物料和支架的总质量之和），直至干燥物料的质量不再明显减轻为止（按 3min 质量降低约 0.1～0.2g 即可结束）。

⑦ 可以改变空气流量和空气温度，重复上述实验步骤并记录相关数据。

⑧ 实验结束先关闭加热，待干球温度降至常温后关闭风机和总电源。一切复原。

（2）计算机操作

① 双击桌面程序进入到图 3-44 所示界面。

② 手动调节阀门到指定位置后，单击风机开关绿按钮，单击“压差”出现对话框，输入一定的数值来控制压差，如图 3-45 界面所示。

③ 单击加热开关按钮，单击干球温度，设定干球温度如图 3-46 界面所示。

④ 等干球温度达到设定值后，单击“干燥数据”进入到如图 3-47 所示数据采集界面图。

⑤ 在对话框内输入绝干物料质量和物料面积，单击“设置常数”，再单击“开始采集”，直至干燥物料的质量不再明显减轻后单击“停止采集”，单击“干燥曲线′”和“干燥速率曲线”，并保存数据和保存图像。

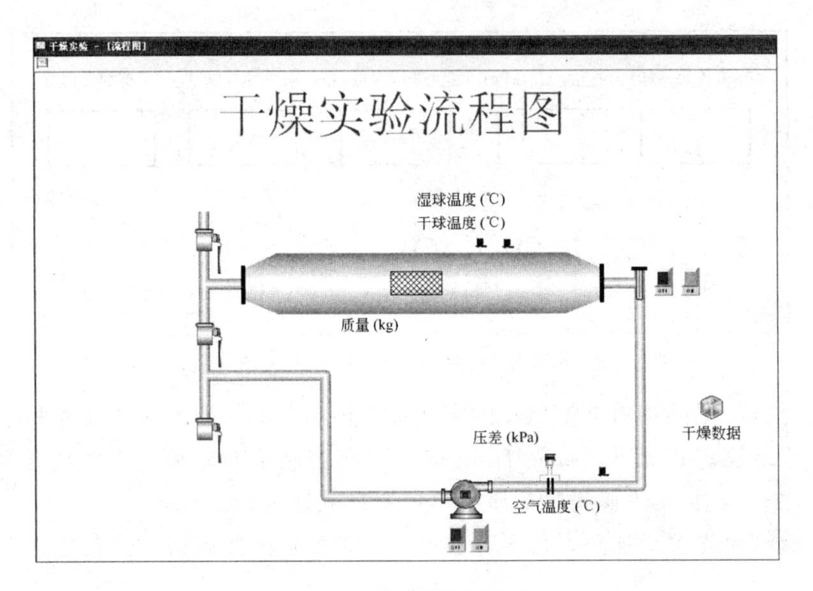

图 3-44　干燥程序主界面图

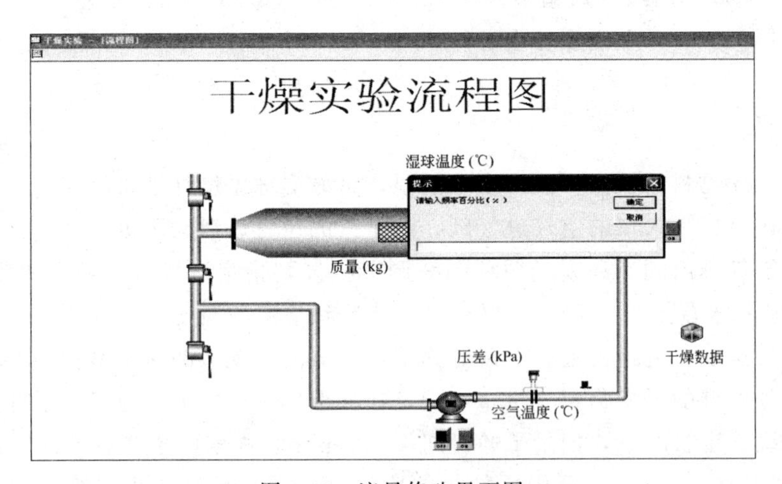

图 3-45　流量修改界面图

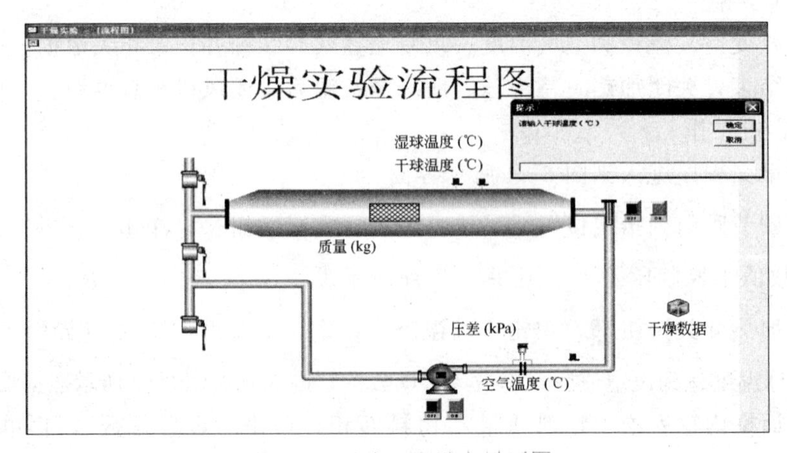

图 3-46　干球温度设定界面图

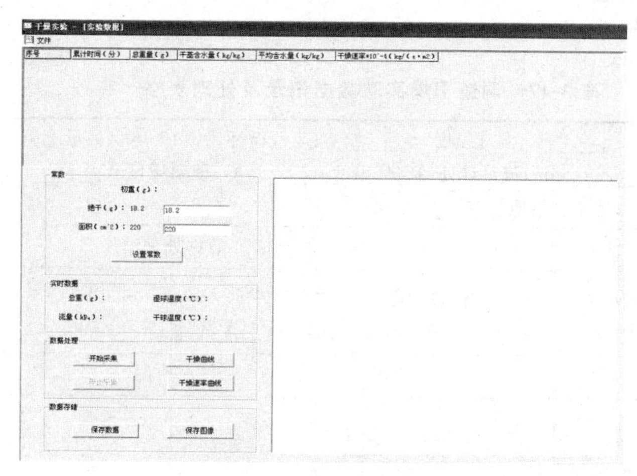

图 3-47　干燥实验数据采集界面

⑥ 实验结束后先关闭加热开关，等温度下降到常温后，再关闭风机。

3. 注意事项

（1）称重传感器的量程较小，精度比较高，所以在放置干燥物料时务必轻拿轻放，以免损坏或降低称重传感器的灵敏度。

（2）当干燥器内有空气流过时才能开启加热装置，以避免干烧损坏加热器，本装置必须先开风机才能开加热开关。

（3）干燥物料要保证充分浸湿但不能有水滴滴下，否则将影响实验数据的准确性。

（4）实验进行中不要改变智能仪表的设置。

六、实验数据处理

1. 实验装置一（表 3-46）

表 3-46　洞道干燥实验数据记录及处理表格（装置一）

室温_____℃；干球温度 t _____℃；湿球温度 t_w_____℃；加热电流_____A；废气循环比（废气体积流量：新鲜空气体积流量）_____；干燥面积 S _____ m^2；托架质量 W_2_____g；绝干物料质量 G'_____g

原始数据记录			数据处理结果			
序号	累计时间 τ /min	总质量 W_1/g	湿物料质量 G $(G=W_1-W_2)$/g	干基含水量 X /kg·kg^{-1}干基	平均含水量 $\overline{X}$/kg·kg^{-1}干基	干燥速率 U/kg·m^{-2}·h^{-1}
1						
2						
3						
…						

2. 实验装置二（表 3-47）

表 3-47 洞道干燥实验数据记录及处理表格（装置二）

室温______℃；干球温度 t ______℃；湿球温度 t_w______℃；废气循环比（废气体积流量：新鲜空气体积流量）______；空气孔板流量计读数 R ______ mm；流量计处的空气温度 t_0______℃；框架质量 W_2______ g；干燥面积 S ______ m^2；洞道截面积 A ______ m^2；绝干物料质量 G'______ g

原始数据记录			数据处理结果			
序号	累计时间 τ /min	总质量 W_1/g	湿物料质量 G $(G=W_1-W_2)$/g	干基含水量 X /kg·kg^{-1}干基	平均含水量 $\overline{X}$/kg·kg^{-1}干基	干燥速率 U/kg·m^{-2}·h^{-1}
1						
2						
3						
…						

3. 实验报告要求

（1）根据实验数据绘制干燥曲线和干燥速率曲线；

（2）根据干燥速率曲线读取物料的恒速阶段干燥速率 U_c、临界含水量 X_c、平衡含水量 X^*。

七、思考题

（1）恒定干燥条件是指哪些条件，实验过程中采用了哪些措施保证恒定干燥条件？

（2）分别说明提高气流温度或加大空气流量时，干燥速率曲线有何变化？对临界含水量有无影响？为什么？

（3）将废气循环利用，有什么优点和缺点？

（4）控制恒速干燥阶段干燥速率的因素是什么？控制降速干燥阶段干燥速率的因素又是什么？

实验 12 液-液萃取实验

一、实验目的

（1）直观展示转盘萃取塔/往复式振动筛板萃取塔的基本结构以及实现萃取操作的基本流程；观察萃取塔内桨叶在不同转速下，分散相液滴变化情况和流动状态。

（2）练习并掌握转盘萃取塔/往复式振动筛板萃取塔性能的测定方法。

二、实验内容

（1）固定两相流量，测定不同转速（转盘萃取塔）/振动频率（往复式振动筛板萃取塔）下萃取塔的传质单元数 N_{OH}、传质单元高度 H_{OH}及总传质单元系数 K_{YE}。

（2）通过实际操作练习，探索强化萃取塔传质效率的方法。

三、实验原理

对于液体混合物的分离，除可采用蒸馏方法外，还可采用萃取方法。即在液体混合物（原料液）中加入一种与其基本不相混溶的液体作为溶剂，利用原料液中的各组分在溶剂中溶解度的差异来分离液体混合物，此即液-液萃取，简称萃取。选用的溶剂称为萃取剂，以字母 S 表示，原料液中易溶于 S 的组分称为溶质，以字母 A 表示，原料液中难溶于 S 的组分称为原溶剂或稀释剂，以字母 B 表示。

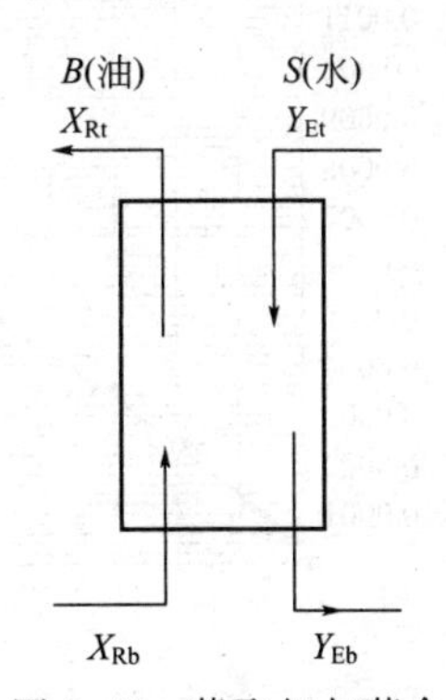

图 3-48　萃取相与萃余相流动示意图
S—水流量；B—油流量；Y—水浓度；X—油浓度；下标：E—萃取相；t—塔顶；R—萃余相；b—塔底

萃取操作一般是将一定量的萃取剂和原料液同时加入萃取器中，在外力作用下充分混合，溶质通过相界面由原料液向萃取剂中扩散。两液相由于密度差而分层，一层以萃取剂 S 为主，溶有较多溶质，称为萃取相，用字母 E 表示；另一层以原溶剂 B 为主，且含有未被萃取完的溶质，称为萃余相，以 R 表示。萃取操作并未把原料液全部分离，而是将原来的液体混合物分为具有不同溶质组成的萃取相 E 和萃余相 R。通常萃取过程中一个液相为连续相，另一个液相以液滴的形式分散在连续的液相中，称为分散相。液滴表面积即为两相接触的传质面积。

本实验操作中，以水为萃取剂，从煤油中萃取苯甲酸。所以，水相为萃取相（又称为连续相、重相），用字母 E 表示，煤油相为萃余相（又称为分散相、轻相），用字母 R 表示。萃取过程中，苯甲酸部分地从萃余相转移至萃取相。萃取相与萃余相流动如图 3-48 所示。

1. 传质单元数 N_{OE}（图解积分法）

利用 Y_E-X_R 图上的分配曲线（平衡曲线）与操作线，可求得 $\frac{1}{Y_E^*-Y_E}$-Y_E 关系再进行图解积分，求得 N_{OE}。对于水-煤油-苯甲酸物系，Y_{Et}-X_R 图上分配曲线可实验测绘。

萃取相传质单元数 N_{OE} 的计算公式为：

$$N_{OE}=\int_{Y_{Et}}^{Y_{Eb}}\frac{dY_E}{Y_E^*-Y_E}$$

式中　Y_{Et}——苯甲酸在进入塔顶的萃取相中的质量比，kg 苯甲酸/kg 水（本实验中 $Y_{Et}=0$）；

Y_{Eb}——苯甲酸在离开塔底的萃取相中的质量比，kg 苯甲酸/kg 水；

Y_E——苯甲酸在塔内某一高度处萃取相中的质量比，kg 苯甲酸/kg 水；

Y_E^*——与苯甲酸在塔内某一高度处萃余相组成 X_R 平衡的萃取相中的质量比，kg 苯甲酸/kg 水。

在画有平衡曲线（分配曲线）的 Y_E-X_R 图（可由实验测定得出，如图 3-49 所示）上，画出操作线，因为操作线必然通过以下两点：（塔底轻相入口浓度 X_{Rb}，重相出口浓度 Y_{Eb}）和（塔顶轻相出口浓度 X_{Rt}，重相入口浓度 $Y_{Et}=0$），在 Y_E-X_R 图上找出以上两点，连接两点即为操作线。在 $Y_E=Y_{Et}=0$ 至 $Y_E=Y_{Eb}$ 之间，任取一系列 Y_E 值，可在操作线

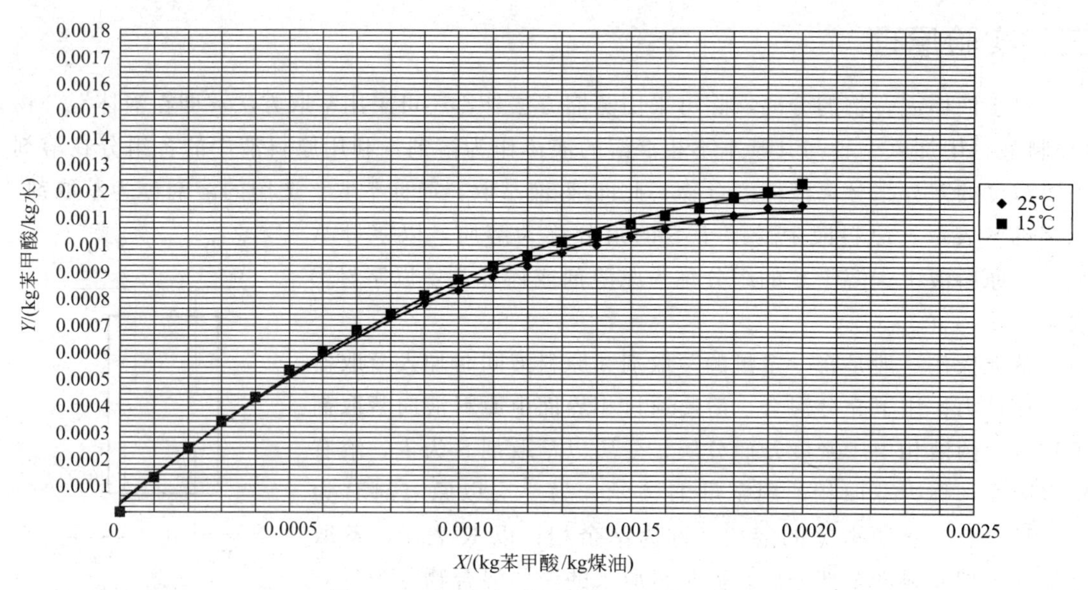

图 3-49 水-煤油-苯甲酸物系的分配曲线

上对应找出一系列的 X_R 值，再在平衡曲线上对应找出一系列的 Y_E^* 值，代入公式计算出一系列的$\frac{1}{Y_E^*-Y_E}$值。在直角坐标纸上，以 Y_E 为横坐标，$\frac{1}{Y_E^*-Y_E}$为纵坐标，将 Y_E 与$\frac{1}{Y_E^*-Y_E}$一系列对应值标绘成曲线。在 $Y_E=0$ 至 Y_E之间的曲线以下的面积即为按萃取相计算的传质单元数 N_{OE}。

2. 按萃取相计算的传质单元高度 H_{OE}

$$H_{OE}=H/N_{OE}$$

式中 H——塔釜轻相入口管到塔顶两相界面之间的距离。

3. 按萃取相计算的体积总传质系数

$$K_{YE}a=S/(H_{OE}A)=4/[0.31(\pi/4)\times 0.037^2]$$

式中 $K_{YE}a$——体积总传质系数，$\frac{\text{kg 苯甲酸}}{\text{m}^3\cdot\text{h}\cdot(\text{kg 苯甲酸/kg 水})}$；

S——水流量，kg/h；

A——截面积，m^2。

四、实验装置和流程

1. 实验装置一（转盘萃取塔）

（1）装置介绍

转盘萃取塔实验装置流程如图 3-50 所示。

本塔为桨叶式旋转萃取塔，塔身采用硬质硼硅酸盐玻璃管，塔顶和塔底玻璃管端扩口处，通过增强酚醛压塑法兰、橡皮圈、橡胶垫片与不锈钢法兰连接，密封性能好。塔内设有 16 个环形隔板，将塔身分为 15 段。相邻两隔板间距 40mm，每段中部位置设有在同轴

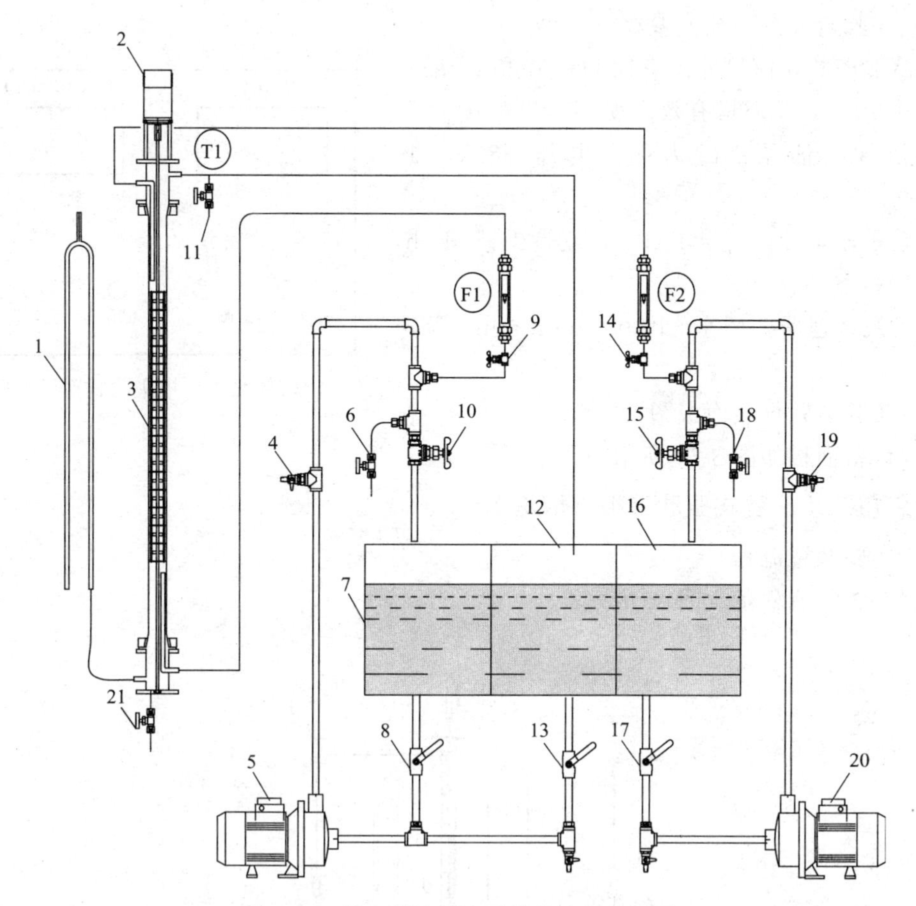

图 3-50　转盘萃取塔实验装置流程示意图

1—π形管；2—电机；3—萃取塔；4—煤油放液阀；5—煤油泵；6,18—取样阀；
7—煤油箱；8,13,17—球形阀；9,14—流量调节阀；10,15—回路调节阀；
11—排空阀；12—煤油回收箱；16—水箱；19—水排液阀；20—水泵；21—放液阀门

上安装的由3片桨叶组成的搅动装置。搅拌转动轴底端装有轴承，顶端经轴承穿出塔外与安装在塔顶上的电机主轴相连。电动机为直流电动机，通过调压变压器改变电机电枢电压的方法作无级变速。操作时的转速控制由指示仪表给出相应的电压值来控制。塔下部和上部轻重两相的入口管分别在塔内向上或向下延伸约200mm，分别形成两个分离段，轻重两相将在分离段内分离。萃取塔的有效高度H，则为轻相入口管管口到两相界面之间的距离。

本实验以水为萃取剂，从煤油中萃取苯甲酸。水相为萃取相（用字母E表示，本实验又称连续相、重相），煤油相为萃余相（用字母R表示，本实验中又称分散相、轻相）。轻相入口处，苯甲酸在煤油中的浓度应保持在0.0015～0.0020kg苯甲酸/kg煤油之间为宜。轻相由塔底进入，作为分散相向上流动，经塔顶分离段分离后由塔顶流出；重相由塔顶进入，作为连续相向下流动至塔底经π形管流出；轻重两相在塔内呈逆向流动。在萃取过程中，苯甲酸部分地从萃余相转移至萃取相，萃取相及萃余相进出口浓度由容量分析法测定。考虑到水与煤油是完全不互溶的，且苯甲酸在两相中的浓度都很低，可认为在萃取过程中两相液体的体积流量不发生变化。

（2）实验装置主要技术参数

① 萃取塔的几何尺寸：塔径 $D=57\text{mm}$，塔身高度 $=1000\text{mm}$，萃取塔有效高度 $H=750\text{mm}$；

② 水泵、油泵：磁力泵，电压 380V，扬程 8m；

③ 转子流量计：型号 LZB-4，流量 1～10L/h，精度 1.5 级；

④ 无级调速器：调速范围 0～800r/min，调速平稳。

（3）实验装置仪表面板图

实验设备面板如图 3-51 所示。

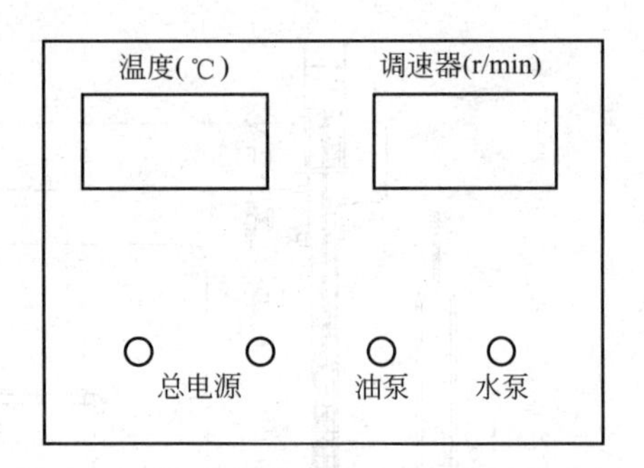

图 3-51　转盘萃取塔实验装置仪表面板图

2. 实验装置二（往复式振动筛板萃取塔）

（1）实验装置流程

实验装置的流程示意图见图 3-52。

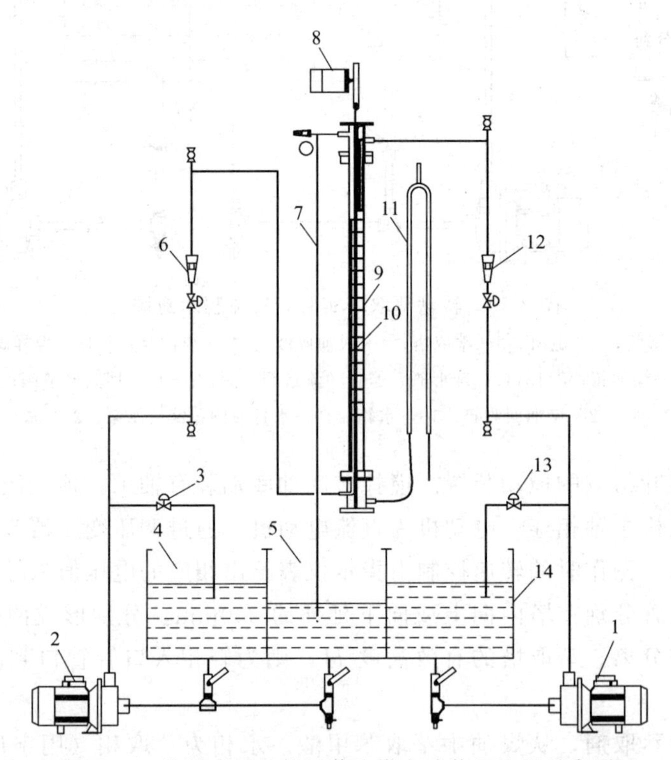

图 3-52　往复式振动筛板萃取塔实验装置流程示意图

1—水泵；2—油泵；3—煤油回流阀；4—煤油原料箱；5—煤油回收箱；6—煤油流量计；7—回流管；8—电机；9—萃取塔；10—筛板；11—π 形管；12—水转子流量计；13—水回流阀；14—水箱

本塔为往复式振动筛板萃取塔，塔身采用硬质硼硅酸盐玻璃管，塔顶和塔底玻璃管端扩口处，通过增强酚醛压塑法兰、橡皮圈、橡胶垫片与不锈钢法兰连接，密封性能好。塔内设有 16 块筛板，顶端与安装在塔顶上的电机主轴相连。电动机为直流电动机，通过调压变压器改变电机电枢电压的方法作无级变速。操作时的转速由指示仪表给出相应的电压值来控制。塔下部和上部轻重两相的入口管分别在塔内向上或向下延伸约200mm，分别形成两个分离段，轻重两相将在分离段内分离。萃取塔的有效高度 H，则为轻相入口管管口到两相界面之间的距离。

本实验以水为萃取剂，从煤油中萃取苯甲酸。水相为萃取相（用字母E表示，本实验又称连续相、重相），煤油相为萃余相（用字母R表示，本实验中又称分散相、轻相）。轻相入口处，苯甲酸在煤油中的浓度应保持在0.0015～0.0020kg苯甲酸/kg煤油之间为宜。轻相由塔底进入，作为分散相向上流动，经塔顶分离段分离后由塔顶流出；重相由塔顶进入，作为连续相向下流动至塔底，经π形管流出；轻重两相在塔内呈逆向流动。在萃取过程中，苯甲酸部分地从萃余相转移至萃取相，萃取相及萃余相进出口浓度由容量分析法测定。考虑水与煤油是完全不互溶的，且苯甲酸在两相中的浓度都很低，可认为在萃取过程中两相液体的体积流量不发生变化。

（2）实验设备主要技术参数

① 萃取塔的几何尺寸：塔径 D＝50mm，塔身高度＝1000mm，萃取塔有效高度 H＝750mm；

② 水泵、油泵：不锈钢离心泵，型号WD50/025；

③ 转子流量计：型号LZB-4，流量1～10L/h；

④ 无级调速器：调速范围0～800r/min，调速平稳。

（3）实验装置面板图

实验装置面板如图3-53所示。

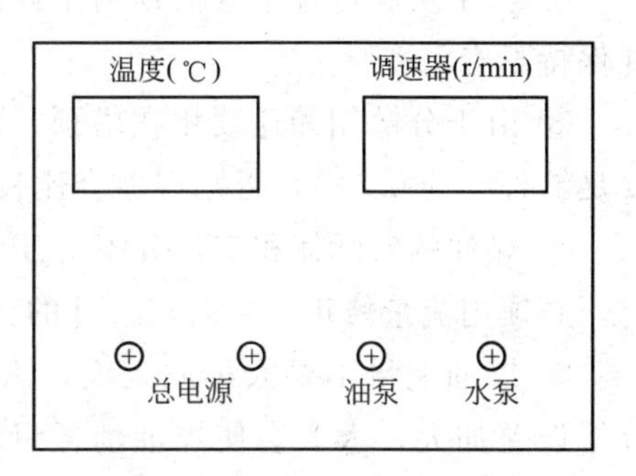

图3-53 往复式振动筛板萃取塔实验装置仪表面板图

五、实验操作及注意事项

1. 实验装置一（转盘萃取塔）

（1）实验步骤

① 将水箱16加水至水箱2/3处，将配置好的煤油（苯甲酸的质量分数为15%～20%）放置于煤油箱7中。开启水泵20、煤油泵5，将两相的回路调节阀15、10打开，使其循环流动。

② 将重相（连续相）送入塔内。当塔内水面快上升到重相入口与轻相出口间中点时，将水流量调至指定值（4L/h），并缓慢改变π形管高度使塔内液位稳定在重相入口与轻相出口之间中点左右的位置上。

③ 将调速装置的旋钮调至零位，接通电源，开动电机并调至某一固定转速。调速时要缓慢升速。

④ 将轻相（分散相）流量调至指定值（约6L/h），并注意及时调节π形管高度。在实验过程中，始终保持塔顶分离段两相的相界面位于重相入口与轻相出口之间中点左右。

⑤ 操作过程中，要绝对避免塔顶的两相界面过高或过低。若两相界面过高，到达轻相出口的高度，则将会导致重相混入轻相贮罐。

⑥ 维持操作稳定0.5h后，用锥形瓶收集轻相进、出口样品各约50mL，重相出口样

品约 100mL，准备分析浓度使用。

⑦ 取样后，改变桨叶转速，其他条件维持不变，进行第二个实验点的测试。

⑧ 用容量分析法分析样品浓度。具体方法如下：用移液管分别取煤油相 10mL，水相 25mL 样品，以酚酞做指示剂，用浓度为 0.01mol/L 左右 NaOH 标准液滴定样品中的苯甲酸。在滴定煤油相时应在样品中加 10mL 纯净水，滴定中剧烈摇动至终点。

⑨ 实验完毕后，关闭两相流量计。将调速器调至零位，使搅拌轴停止转动，切断电源。滴定分析过的煤油应集中存放回收。洗净分析仪器，一切复原，注意保持实验台面整洁。

（2）注意事项

① 调节桨叶转速时一定要小心谨慎，慢慢升速，千万不能增速过猛使电动机产生“飞转”损坏设备。机械上最高转速可达 800r/min。从流体力学性能考虑，若转速太高，容易液泛，操作不稳定。对于煤油-水-苯甲酸物系，建议在 500r/min 以下操作。

② 整个实验过程中，塔顶两相界面一定要控制在轻相出口和重相入口之间适中位置并保持不变。

③ 由于分散相和连续相在塔顶、塔底滞留量很大，改变操作条件后，稳定时间一定要足够长（约 0.5h），否则误差会比较大。

④ 煤油的实际体积流量并不等于流量计指示的读数。需要用到煤油的实际流量数值时，必须用流量修正公式对流量计的读数进行修正后数据才准确。

⑤ 煤油流量不要太小或太大，太小会导致煤油出口的苯甲酸浓度过低，从而导致分析误差加大；太大会使煤油消耗量增加，经济上造成浪费。建议水流量控制在 4L/h 为宜。

2. 实验装置二（往复式振动筛板萃取塔）

（1）实验步骤

① 首先在水箱内放满水，在煤油原料箱 4 内放满配制好的苯甲酸浓度为 0.2％的轻相煤油，分别开动水相和煤油相送液泵的开关，打开两相回流阀，使其循环流动。

② 全开水转子流量计调节阀，将重相（连续相）送入塔内。当塔内水面逐渐上升到重相入口与轻相出口之间的中点时，将水流量调至指定值（约 4L/h），并缓慢改变 π 形管高度，使塔内液位稳定在重相入口与轻相出口之间中点左右的位置上。

③ 将调速装置的旋钮调至零位接通电源，开动电机至固定转速。调速时要缓慢升速。

④ 将轻相（分散相）流量调至指定值（约 6L/h），并注意及时调节 π 形管高度。在实验过程中，始终保持塔顶分离段两相的相界面位于重相入口与轻相出口之间中点左右。

⑤ 操作过程中，要绝对避免塔顶的两相界面过高或过低。若两相界面过高，到达轻相出口的高度，则将会导致重相混入轻相贮罐。

⑥ 维持操作稳定 0.5h 后，用锥形瓶收集轻相进、出口样品各约 50mL，重相出口样品约 10mL，准备分析浓度使用。

⑦ 取样后，改变电机脉冲频率，其他条件维持不变，进行第二个实验点的测试。

⑧ 用容量分析法分析样品浓度。具体方法如下：用移液管分别取煤油相 10mL，水相 25mL 样品，以酚酞做指示剂，用浓度为 0.01mol/L 左右 NaOH 标准液滴定样品中的苯

甲酸。在滴定煤油相时应在样品中加 10mL 纯净水，滴定中剧烈摇动至终点。

⑨ 实验完毕后，关闭两相流量计。将调速器调至零位，使搅拌轴停止转动，切断电源。滴定分析过的煤油应集中存放回收。洗净分析仪器，一切复原，注意保持实验台面整洁。

(2) 注意事项

① 调节脉冲频率时一定要小心谨慎，慢慢升速，千万不能增速过猛使电动机产生“飞转”损坏设备。机械上最高转速可达 600r/min。从流体力学性能考虑，若脉冲频率太高，容易液泛，操作不稳定。

② 整个实验过程中，塔顶两相界面一定要控制在轻相出口和重相入口之间适中位置并保持不变。

③ 由于分散相和连续相在塔顶、塔底滞留量很大，改变操作条件后，稳定时间一定要足够长（约 0.5h），否则误差会比较大。

④ 煤油的实际体积流量并不等于流量计指示的读数。需要用到煤油的实际流量数值时，必须用流量修正公式对流量计的读数进行修正后数据才准确。

⑤ 煤油流量不要太小或太大，太小会导致煤油出口的苯甲酸浓度过低，从而导致分析误差加大；太大会使煤油消耗量增加，经济上造成浪费。建议水流量控制在 4L/h 为宜。

六、实验数据处理

1. 实验装置一（转盘萃取塔）（表 3-48）

表 3-48　转盘萃取塔性能测定数据

塔型为桨叶式搅拌萃取塔；萃取塔内径 50mm；萃取塔有效高度 0.75m；
溶质 A 为苯甲酸；稀释剂 B 为煤油；萃取剂 S 为水；塔内温度 $t=$______℃；
连续相为水；分散相为煤油；流量计转子密度 $\rho_f=7900kg/m^3$；
轻相密度 $800kg/m^3$；重相密度 $1000kg/m^3$

项目			实验序号	
			1	2
桨叶转速/$r \cdot min^{-1}$				
水转子流量计读数/$L \cdot h^{-1}$				
煤油转子流量计读数/$L \cdot h^{-1}$				
校正得到的煤油实际流量/$L \cdot h^{-1}$				
浓度分析	NaOH 溶液浓度/$mol \cdot L^{-1}$			
	塔底轻相 X_{Rb}	样品体积/mL		
		NaOH 体积/mL		
	塔顶轻相 X_{Rt}	样品体积/mL		
		NaOH 体积/mL		
	塔底重相 Y_{Bb}	样品体积/mL		
		NaOH 体积/mL		

续表

项目		实验序号	
		1	2
计算及实验结果	塔底轻相浓度 X_{Rb}/kgA·(kgB)$^{-1}$		
	塔顶轻相浓度 X_{Rt}/kgA·(kgB)$^{-1}$		
	塔底重相浓度 Y_{Bb}/kgA·(kgB)$^{-1}$		
	水流量 S/kg·h^{-1}		
	煤油流量 B/kg·h^{-1}		
	传质单元数 N_{OE}(图解积分)		
	传质单元高度 H_{OE}/m		
	体积总传质系数 $K_{Ye}a$/kgS·m^{-3}·h^{-1}		

2. 实验装置二（往复式振动筛板萃取塔）（表 3-49）

表 3-49　往复式振动筛板萃取塔性能测定数据

塔型为往复式振动筛板萃取塔；萃取塔内径 50mm；萃取塔有效高度 0.75m；

溶质 A 为苯甲酸；稀释剂 B 为煤油；萃取剂 S 为水；塔内温度 t=15℃；

连续相为水；分散相为煤油；流量计转子密度 ρ_f 7900kg/m^3；

轻相密度 800kg/m^3；重相密度 1000kg/m^3

项目			实验序号	
			1	2
振动电机往复脉冲频率/Hz				
水转子流量计读数/L·h^{-1}				
煤油转子流量计读数/L·h^{-1}				
校正得到的煤油实际流量/L·h^{-1}				
浓度分析	NaOH 溶液浓度/mol·L^{-1}			
	塔底轻相 X_{Rb}	样品体积/mL		
		NaOH 体积/mL		
	塔顶轻相 X_{Rt}	样品体积/mL		
		NaOH 体积/mL		
	塔底重相 Y_{Bb}	样品体积/mL		
		NaOH 体积/mL		
计算及实验结果	塔底轻相浓度 X_{Rb}/kgA·(kgB)$^{-1}$			
	塔顶轻相浓度 X_{Rt}/kgA·(kgB)$^{-1}$			
	塔底重相浓度 Y_{Bb}/kgA·(kgB)$^{-1}$			
	水流量 S/kg·h^{-1}			
	煤油流量 B/kg·h^{-1}			
	传质单元数 N_{OE}(图解积分)			
	传质单元高度 H_{OE}/m			
	体积总传质系数 $K_{Ye}a$/kgS·m^{-3}·h^{-1}			

七、思考题

（1）萃取设备的转速（装置一）或萃取设备的振动频率（装置二）对萃取分离结果的影响如何？

（2）本实验为何不宜用水作为分散相？若用水作为分散相，操作步骤如何改变？此时，两相分层分离段应设在塔顶还是塔底？

实验 13　吸收实验

一、实验目的

（1）观察气、液在填料塔内的操作状态；

（2）测定气、液在填料塔内的流体力学特性；

（3）测定在填料塔内用水吸收 CO_2 的 K_Xa-L 关系。

二、实验原理

气体吸收是运用混合气体中的各组分对同一溶剂的溶解度不同，通过气、液充分接触，溶解度较大的气体组分较多地进入液相而与其他组分分离的操作。

气体混合物是以一定的速度，通过填料塔内的填料时，与溶剂液相相接触，除了进行物质传递外，还具有流体力学特性，其流体力学特性是以气体通过填料层所产生的压降来表示。该压力降在填料因子、填料层高度，以及液体喷淋密度一定的情况下随气体速度的变化而变化。如图 3-54所示。

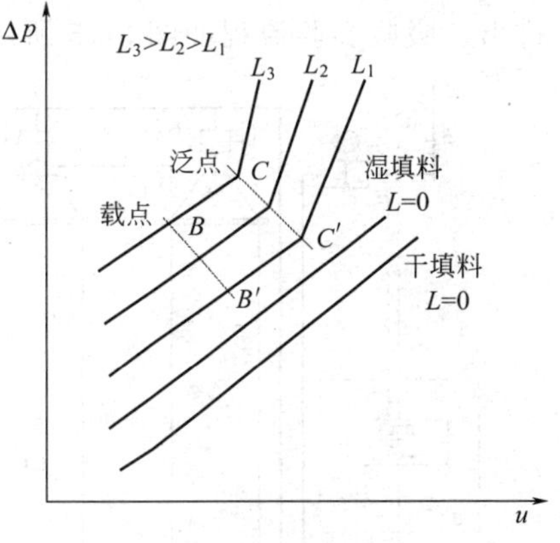

图 3-54　填料层的压降曲线

在一定喷淋量下，通过改变气体流量而测定床层压降，即可确定填料塔的流体力学特性。

因常压下 CO_2 在水中的溶解度比较小，用水吸收 CO_2 的操作是液膜控制的吸收过程，所以填料层高度的计算式为：

$$Z=\frac{L}{K_Xa\Omega}\int_{X_2}^{X_1}\frac{\mathrm{d}X}{X^*-X}$$

即

$$K_Xa=\frac{L}{Z\Omega}\int_{X_2}^{X_1}\frac{\mathrm{d}X}{X^*-X}$$

当气液相平衡关系符合亨利定律时，上式可整理为：

$$K_Xa=\frac{L}{Z\Omega}\times\frac{X_1-X_2}{\Delta X_m}$$

$$\Delta X_m=\frac{\Delta X_1-\Delta X_2}{\ln\frac{\Delta X_1}{\Delta X_2}}=\frac{(X_1^*-X_1)-(X_2^*-X_2)}{\ln\frac{X_1^*-X_1}{X_2^*-X_2}}$$

式中 L——吸收剂用量，kmol/h；

Ω——填料塔截面积，m^2；

ΔX——平均浓度差；

K_Xa——液相体积传质系数，kmol/($m^2\cdot h\cdot \Delta X$)；

Z——填料层高度，m。

通过测定不变参数水温和大气压确定亨利常数，以及可变参数CO_2和空气的混合气量、吸收剂水用量以及混合气进、出填料塔的CO_2含量，即可测定液相体积传质系数。

三、实验装置和流程

1. 吸收实验流程

空气由风机送出，经流量计计量后与由钢瓶来的CO_2气体混合后，经过缓冲罐进入吸收塔底部。吸收剂水经涡轮流量计计量后进入塔的顶部，通过喷嘴喷洒在填料层上，与上升的气体逆流接触，进行吸收传质，尾气从塔顶排出，而吸收后的液体经塔底液封装置后排出。吸收实验流程如图3-55所示。

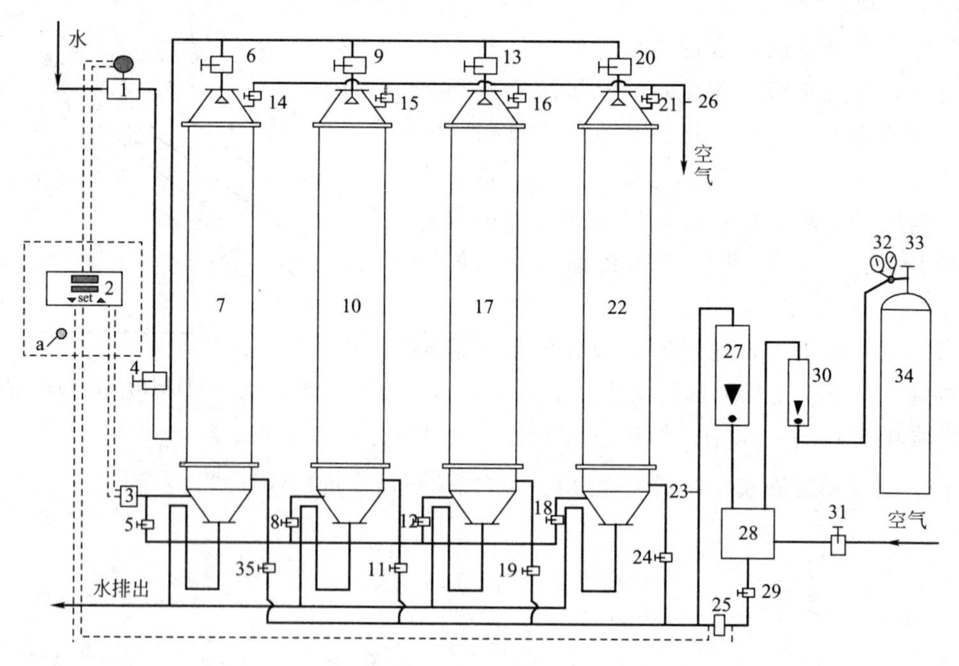

图3-55 吸收实验流程示意图

1—涡轮流量计；2—参数巡检仪；3—压力传感器；4—调节水量阀；5,8,12,18—取压旋塞阀；6,9,13,20—切换球阀；7—θ环8×8填料塔；10—θ环10×10填料塔；11,19,24,35—气体切换阀；14～16,21—尾气排放阀；17—不锈钢填料塔500x；22—不锈钢填料塔500y；23—进气取样口；25—孔板流量计；26—尾气取样口；27—混合气体转子流量计；28—缓冲罐；29—气体切换阀；30—CO_2转子流量计；31—空气进口阀；32—减压阀；33—钢瓶阀；34—CO_2钢瓶；a—巡检仪开关

2. 实验设备及仪表

填料塔：塔内径 100mm，填料层高度 1m，填料类型有 θ 环、不锈钢规整填料。

气体转子流量计 LZB-4 型、LZB-10 型；液体涡轮流量计 LWGY25 型；孔板流量计。

巡检仪 F&B 型，CO_2 气体分析仪 CYES-Ⅱ型，差压变送器 CS208-51C-A2SC 型，CO_2 钢瓶。

四、实验操作步骤

（1）理清流程，熟悉测试仪表的使用。

（2）确定要测定的填料塔，通过控制面板上的电磁阀切换，启动风机，让空气进入填料塔底部，用风机出口阀门调节空气流量，流量从小到大，每调一次风量，测定一次填料层压降 Δp，共采集 7～10 组数据，由此可作出在干填料操作时，风量与压力降的关系曲线。

（3）通过水龙头调节水量，维持喷淋量不变，用风机出口阀调节空气流量，流量从小到大，每调一次风量，测定一次填料层压降 Δp，共采集 7～10 组数据，由此可作出在湿填料操作时，风量与压力降 Δp 的关系曲线。**在操作过程中，注意观察液封装置，以避免空气从液封装置流出。**

（4）通过调节水龙头，改变入塔水量，重复第 3 步操作，可测定不同水量下风量与压力降 Δp 的变化曲线，完成气、液在填料塔内的流体力学性能测定。

（5）开启 CO_2 钢瓶阀 33，调节减压阀 32，使 CO_2 出口压力维持在 0.2MPa 左右，通过 CO_2 转子流量计 30 计量后进入缓冲罐与空气混合。让空气和 CO_2 混合气进入混合气体转子流量计 27 计量后，进入填料塔底部。

（6）通过进气取样口 23 取样，用 CO_2 气体分析仪分析其 CO_2 含量，调节混合气或者 CO_2 转子流量计上的旋钮，改变空气和 CO_2 的混合比，实验要求配制的混合气中 CO_2 体积分数约为 10%，并始终保持不变。

（7）调节水量阀 4，流量从小调大，需采集 4～6 组数据。每调节一次，稳定 3～5min，记录清水流量和混合气流量，用取样筒分别在进气取样口 23 和尾气取样口 26 抽取混合气进行 CO_2 分析，确定 Y_1 和 Y_2，完成填料塔内液相体积传质系数的测定。

（8）重复以上操作步骤 2～7 可完成其余填料塔的实验操作。

（9）测定水温和大气压。

（10）所有实验数据记录完成后，经指导教师同意，关闭 CO_2 钢瓶，停水，关闭风机和电源。

（11）**在实验操作过程中，注意 CO_2 钢瓶的使用安全，未经教师同意，学生不能乱动。**

五、实验数据记录及整理

1. 实验数据记录（表 3-50、表 3-51）

表 3-50　流体力学性能测定原始数据记录表格

填料塔：塔内径 100mm；填料层高度 940mm；水温＿＿＿＿＿；大气压＿＿＿＿＿

序号	$L=0$(干塔)		$L=0$(湿塔)		$L_1/m^3\cdot h^{-1}$		$L_2/m^3\cdot h^{-1}$	
	空气流量 $/m^3\cdot h^{-1}$	Δp/kPa	空气流量 $/m^3\cdot h^{-1}$	Δp/kPa	空气流量 $/m^3\cdot h^{-1}$	Δp/kPa	空气流量 $/m^3\cdot h^{-1}$	Δp/kPa
1								
2								
⋮								

表 3-51　传质实验原始数据记录表格

序号	CO_2流量 $/L\cdot h^{-1}$	空气流量 $/m^3\cdot h^{-1}$	水流量 $/m^3\cdot h^{-1}$	进塔 CO_2 含量	出塔 CO_2 含量 $/kmol\cdot m^{-3}\cdot s^{-1}$
1					
2					
⋮					

2. 数据整理（表 3-52、表 3-53）

表 3-52　流体力学性能测定数据处理表格

序号	V $/m^3\cdot h^{-1}$	u $/m\cdot s^{-1}$	Δp				备注
			$L=0$	$L_1=$＿＿m^3/h	$L_2=$＿＿m^3/h	$L_2=$＿＿m^3/h	
1							
2							
⋮							

表 3-53　传质实验数据处理表格

序号	CO_2流量 $/L\cdot h^{-1}$	空气流量 $/m^3\cdot h^{-1}$	L $/m^3\cdot h^{-1}$	Y_1	Y_2	X_1	X_2	X_1^*	X_2^*	ΔX_m	K_Xa
1											
2											
⋮											

六、实验讨论与思考题

（1）试分析影响传质系数的因素？

（2）填料吸收塔塔底为什么有液封？液封采用了什么原理？

（3）从填料塔的流体力学特性中，确定最佳操作空塔气速是多少？

实验 14　超临界 CO_2 萃取

一、实验目的

（1）掌握超临界 CO_2 萃取的基本流程及工作原理。

（2）了解萃取温度、萃取压力和萃取时间对萃取效率的影响。

（3）掌握夹带剂在超临界 CO_2 萃取中的作用及根据物料性质选择合适的夹带剂。

二、超临界流体及萃取原理

超临界萃取分离提纯天然产物和中草药的优势十分明显，具有产物纯度高、无溶剂残留、适于热敏性物料、成分保留完整、清洁环保等优点。超临界流体萃取（SFE）技术在近 20 年里得到了广泛的研究和应用，是当今世界上先进的提取和分离技术之一。由于 CO_2 具有临界点低（$T_c=31.3$℃，$p_c=7.38$MPa）、无毒、无味、不易燃、化学惰性、价廉等优点，迄今为止，约 90% 以上的超临界流体萃取应用研究均使用超临界 CO_2（SC-CO_2）作为溶剂。

天然产物萃取过程可描述为：①同条件萃取的多组分溶质物性相似，是单组分拟匀相系；②空隙率不随时间改变；③萃取器内温度、压力一致；④超临界流体稳态流动；⑤物料预处理时颗粒表层细胞破壁，内部细胞仍完整。部分溶质游离于表面（设质量分数 φ_f），过程由溶解平衡控制；其余溶质在完整细胞内（设质量分数 $\varphi_t=1-\varphi_f$），过程由物料内扩散控制；⑥固相和流体相浓度线性平衡。据此，列出微分质量守恒方程：

$$A\Delta h\rho D\frac{\partial^2 y}{\partial z^2}-A\Delta h\rho u\frac{\partial y}{\partial z}+A\Delta hJ=A\Delta h\rho\varepsilon\frac{\partial y}{\partial t}\tag{3-52}$$

式中，A 为萃取器截面积；Δh 为单元高；ρ 为超临界流体密度；D 为轴向扩散系数；u 为超临界流体流速；J 为溶质从固相到流体相传质速率；ε 为空隙率；z 为轴向坐标；t 为时间；y 为溶质在超临界流体中的浓度。流体密度在萃取中为常数。不计轴向扩散，则方程式(3-52) 可以整理成：

$$\rho u\frac{\partial y}{\partial z}+\rho\varepsilon\frac{\partial y}{\partial t}=J\tag{3-53}$$

初始条件和边界条件分别为 $t=0$，$y=y_0$；$z=0$，$y=0$。对式(3-53)，只要确定溶质从固相到流体相的传质速率 J 就可数值求解。J 由两部分组成，即：

$$J=J_s+J_f\tag{3-54}$$

式中，J_f 为破壁细胞内传质速率；J_s 为完整细胞内传质速率。对两部分溶质分别列出守恒方程：

$$\varphi_f(1-\varepsilon)\rho_s\frac{\partial x_p}{\partial t}=-J_f\tag{3-55}$$

$$(1-\varphi_f)(1-\varepsilon)\rho_s\frac{\partial x_q}{\partial t}=-J_s\tag{3-56}$$

式中，ρ_s 为不溶固体密度；x_p 为破壁胞内溶质浓度；x_q 为完整胞内溶质浓度。破壁胞内

传质由平衡控制，即

$$x_{\mathrm{p}}=Ky \tag{3-57}$$

式中，K 为平衡常数。所以：

$$\frac{\partial x_{\mathrm{p}}}{\partial t}=K\frac{\partial y}{\partial t} \tag{3-58}$$

$$\varphi_{\mathrm{f}}(1-\varepsilon)\rho_{\mathrm{s}}K\frac{\partial y}{\partial t}=-J_{\mathrm{f}} \tag{3-59}$$

对完整细胞内传质，过程由内扩散控制，可得：

$$J_{\mathrm{s}}=k_{\mathrm{i}}a(x_{\mathrm{q}}-Ky) \tag{3-60}$$

由式(3-53)、式(3-54)、式(3-56)、式(3-59) 并化简可得：

$$[\rho\varepsilon+(1-\varepsilon)\rho_{\mathrm{s}}\varphi_{\mathrm{f}}K]\frac{\partial y}{\partial t}+\rho u\frac{\partial y}{\partial z}+(1-\varepsilon)\rho_{\mathrm{s}}\varphi_{\mathrm{t}}\frac{\partial x_{\mathrm{q}}}{\partial t} \tag{3-61}$$

萃取率 Y 可由式(3-62) 计算：

$$Y=\frac{W\int_0^t y_{t,\mathrm{H}}\mathrm{d}t}{m_0} \tag{3-62}$$

式中，W 为超临界流体的质量流量，kg/s；$y_{t,\mathrm{H}}$ 为超临界流体中溶质的质量分数；m_0 为原料的质量，kg。

三、实验步骤

1. 开机前准备

（1）检查设备周围有无障碍物，保证操作通道便利，室内通风设备完好。

（2）检查电源、三相四线是否完好无缺。

（3）检查循环主泵、携带剂泵、制冷压缩机的润滑油面是否在正常的范围之内。

（4）检查冷却水循环系统是否畅通和水量加注是否到位，电机运行是否正常。

（5）检查热水循环系统是否畅通和水量加注是否到位。

（6）检查制冷机组、主泵、携带剂泵的电机是否按要求的方向旋转。

（7）检查二氧化碳系统有无泄露现象，所有阀门是否在规定的位置。

（8）检查制冷系统有无泄漏现象，所有阀门是否在规定的工艺要求位置。

（9）检查二氧化碳钢瓶的回收加热器安装是否正确，连接电源线有无短路现象。

（10）根据提取所需要的操作工艺，参阅工艺流程图 3-56，对设备的系统管路阀门进行调整。

2. 开机顺序

（1）接通电源，检查三相电源电压表指示是否正常。

（2）启动制冷系统，设定制冷温度（3～5℃），将储罐温度降至所设定温度。

（3）启动热水循环系统，设定萃取温度、分离釜Ⅰ温度、分离釜Ⅱ温度，将热水循环系统升高至所设定工艺温度。

（4）关闭萃取釜前后的阀门 V_1 与 V_3，打开萃取釜的排空阀 V_7，将萃取釜内的压力降为零后，打开釜盖，取出内件。

（5）称取待萃取固体物料（100g）加入萃取釜内件中，内件两端用烧结板密封。加

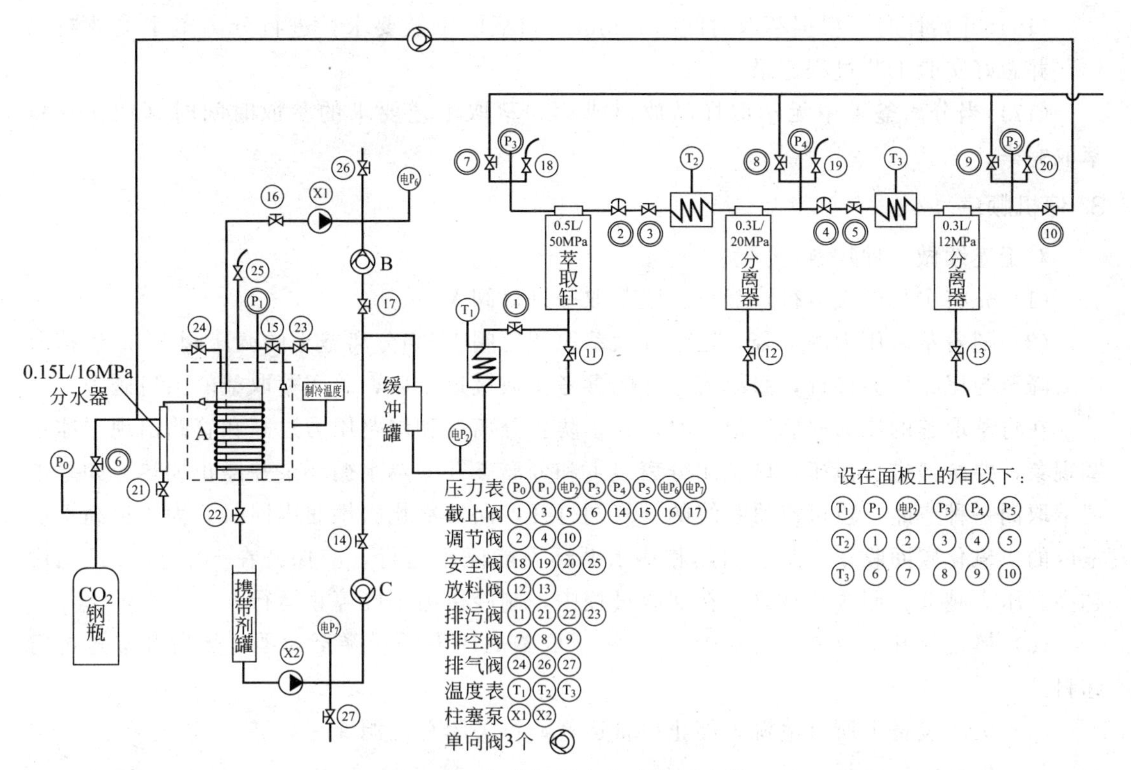

图 3-56　超临界萃取实验装置流程

料需在内件上部加入 3～5 层滤纸，以防止物料堵塞管路。

（6）用随机配备的特殊工具将内件放入萃取釜内。

（7）检查盖子的 O 形密封圈，确认其完好无损，才能将盖子旋入容器，将盖子旋到底，然后回拧 15°角。

（8）在进行第（4）～（6）步骤的同时，通过系统补气阀 V_6，向二氧化碳循环系统内加注二氧化碳气体（注意：当二氧化碳钢瓶的压力低于 5MPa 时需更换 CO_2 钢瓶或加热钢瓶）。

（9）当制冷系统达到设定的温度时，打开排气阀 V_{24}，检查二氧化碳液化情况。

（10）微开萃取釜进口阀 V_1，将萃取釜内的空气通过排空阀 V_7 置换排出，然后关闭排空阀 V_7，随着萃取压力的升高，再慢慢打开萃取釜的进口阀 V_1，使釜内压力与系统均压。

（11）当前（10）项工作完毕后，启动系统循环主泵，将萃取压力升至所设定的工艺压力。

（12）当萃取压力接近工艺压力时，打开萃取出口阀 V_3，通过萃取压力微调阀 V_2 和变频自动调节，来调节萃取压力。

（13）通过分离釜Ⅰ压力微调阀调节分离釜Ⅰ的压力，使之达到工艺压力。

（14）当分离釜Ⅱ的压力达到 4.5～5MPa 时，关闭系统补气阀 V_6，可根据系统所需求的循环量，随时打开系统补气阀 V_6，向系统内补充二氧化碳气体。

（15）根据系统流量计的参考值全面调节流量，使之达到工艺要求的循环量和工艺压力的平衡。

(16) 开始计时，根据萃取时间（15min）和萃取工艺要求，进行分离釜Ⅰ的放料操作，并做好实验工艺过程记录。

(17) 当分离釜Ⅰ中无萃取样品放出或达到萃取工艺要求的萃取时间时（120min），萃取完毕。

3. 停机顺序

对于连续做一种物料：

(1) 先将主泵停止运行，然后关闭萃取釜进口阀 V_1。

(2) 随着萃取压力的下降，逐渐开大萃取调压阀 V_2 和分离釜Ⅰ的调压阀 V_4，将萃取压力降至与尾路压力接近，系统流量计的参考读数接近零后，关闭萃取釜的出口阀 V_3。

在将萃取釜的压力向后续泄压时，为了防止分离釜和尾路压力过高和管路出现干冰堵塞现象，要缓慢进行泄压，应关闭分离釜Ⅰ和分离釜Ⅱ的热水循环泵并停止加热。如果连续萃取同一种产品，也可以将系统的补气阀打开，向二氧化碳钢瓶内回收。为了提高萃取釜内的二氧化碳回收率，萃取加热和热水循环不能停止运行，应保持在 50～65℃。温度越高、压力越低，回收率越好。在回收过程中，制冷机组不能停止运行。

(3) 慢慢打开萃取釜的排空阀 V_7，将萃取釜的压力缓慢降至为零，然后开釜盖进行卸料。

(4) 关闭设备上所有电源，停止设备运行，再关闭总电源。

(5) 做好设备运行记录。

(6) 在全部实验完毕后，用相应的溶剂清洗容器、管道和阀门。

对于不同物料的情况：

(1) 关闭高压计量泵、制冷机组、循环系统开关等。

(2) 打开排空阀 V_7、V_8、V_9，将系统内的二氧化碳排空。

(3) 关闭二氧化碳钢瓶上的阀门，清洗容器、管路后继续实验。

四、实验记录

实验记录见表 3-54。

表 3-54 萃取实验原始数据记录表格

实验时间：________年____月____日

分离温度：______℃ 分离压力：______MPa CO_2 流量（用气比）：______$nm^3/(kg\ 原料 \cdot h)$

时间 t/min	30	40	50	60	70	80	90	100	110	120	…
萃取温度 T/K											
萃取率/%											

五、思考题

(1) 超临界萃取的影响因素有哪些？其影响萃取效果的情况是怎样的？

(2) 如何优化超临界萃取工艺条件？

(3) 超临界萃取装置中，分离釜Ⅱ的作用是什么？

(4) 不同物料的萃取中，CO_2 为什么不能回收利用？

(5) 在装固体物料中，为什么不能将内件完全装满，并要在其中加入脱脂棉？

(6) 在开始萃取之前，为什么要先检查储罐中 CO_2 的液化状况？

(7) 在超临界萃取实验中，如何有效减少 CO_2 的损耗？

实验15 喷雾干燥

一、实验目的

(1) 学习喷雾干燥过程及干燥器的实际操作和控制。

(2) 通过物料衡算确定干燥介质（空气）的消耗量。

(3) 测定喷雾干燥器的容积汽化强度及其随进口气温的变化规律。

二、实验原理

本实验中的喷雾干燥过程分别采用两种雾化器，即离心式转盘和气流式喷嘴，将含水率为80%（质量分数）左右的溶液或悬浮液分散为微小的液滴。这类微液滴常被称为雾滴，并可视为球形，其直径范围为15～80μm，随物料的物理性质、转盘的转速或喷嘴的气/液比而变。当雾滴群被喷入流过干燥器内的热空气中时，它与热空气之间将同时发生传热和传质过程，雾滴中的水分将汽化而获得粉状的固体产品。

由于雾滴群的直径很小，使该干燥过程具有很大的传热和传质比表面积（约为100～600m^2/L液）。因此，所需的干燥时间极短，一般仅为3～10s，特别适用于热敏性物料的干燥脱水。

因为干燥过程具有特点：①干燥器内无补充加热；②产品温度较低；③干燥器保温良好而热损失较少，所以该过程可近似作为理想干燥过程处理。

喷雾干燥过程的物料和热量衡算仍符合一般的干燥规律。由物料衡算，水分的蒸发（汽化）量可表示为：

$$W=G_c(X_1-X_2) \quad (\text{kg 水/h}) \tag{3-63}$$

式中 G_c——单位时间内的绝干物料量，kg/h；

X_1、X_2——干燥前、后的物料干基湿含量，kg水/kg绝干物料。

水分的汽化强度：

$$W_v=\frac{W}{V_d} \quad [\text{kg/(m}^3\cdot\text{h)}] \tag{3-64}$$

式中 V_d——喷雾干燥器的容积，m^3。

由物料衡算，可求出过程的绝干空气消耗量：

$$L=\frac{W}{H_2-H_1} \quad (\text{kg 绝干空气/h}) \tag{3-65}$$

和空气预热器进口的体积流量：

$$V_0=LV_{H0} \tag{3-66}$$

式中　H_1、H_2——空气在干燥器进、出口的湿度，kg 水/kg 绝干空气；

V_{H0}——空气在预热器进口状态下的干基湿比容，m^3/kg 绝干空气。

三、实验装置和流程

实验的流程简图见图 3-57。

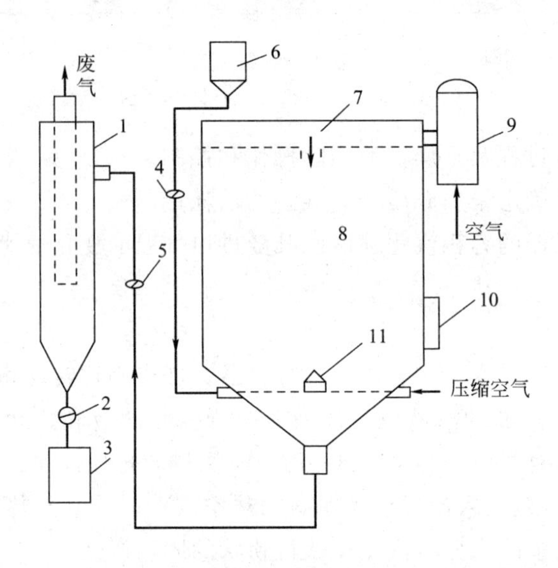

图 3-57　喷雾干燥实验流程简图

1—旋风除尘器；2—阀门；3—产品料斗；4,5—阀门；6—高位槽；7—离心式转盘；8—喷雾干燥器；9—鼓风机；10—空气预热器；11—气流式喷嘴

实验的大致流程为：常温空气被鼓风机从进风口吸入并加压，再经环状预热器加热至 453～493K（180～220℃），经气体分布器从干燥器顶部流入。料液首先被灌入高位槽，然后经阀门调节并经转子流量计计量后，送入雾化器分散为雾滴。本装置的雾化器分别是安装于干燥器顶部的离心式转盘和安装于干燥器直筒段底部的气流式喷嘴，在实验中只轮流使用其中之一。料雾群在干燥器内与热空气接触，进行相互的传热和传质，雾滴逐渐得到浓缩并最后转变为粉状固体产品。产品随气流从干燥器底部出口管排出，最后由旋风除尘器收集，存放于安装于除尘器底部的产品料斗，整个干燥过程即告结束。含湿废气从除尘器顶部排入室内大气。

由于热空气流向为由上而下，当采用顶部离心式转盘雾化器时，料雾群基本向下运动，故过程为气/液并流干燥；而当采用气流式喷嘴雾化器时，雾滴群由喷嘴向上喷出，故干燥过程为先逆流后并流干燥。在以上两种过程中，较干的物料均与较低温度的空气相接触，因而适用于热敏性物料的干燥。

空气预热器的最大加热功率为 9kW，热空气的最高允许温度为 533K（260℃）。

四、实验操作及注意事项

1. 实验操作步骤

（1）配制料液：将固体物料预先烘干，用称衡重方法测定其湿含量，再用药物天平称取（300±0.1)g，加清水（2000±5～3000±5)mL配成料液，并计算出料液干基湿含量 X_1。

（2）检查各运转机械的润滑、电器的绝缘和设备的密封状况。

（3）启动鼓风机，然后逐渐加大空气预热器的加热功率，将干燥器进口温度升高至450K并进一步调节加热功率使之稳定3min。

（4）启动离心式转盘雾化器或气流式喷嘴的空气压缩机。

（5）开启料液调节阀，并调节至根据物料衡算初步决定的料液流量值。

（6）从观察窗观察料液在干燥器内的雾化状况。

（7）读取并记录进出口气温、加热功率和料液流量等操作参数。

（8）分别测定进、出口的空气干、湿球温度若干次。

（9）运行一段时间后，记录操作时间；依次停止进料，停止加热和停鼓风机、空气压缩机或转盘雾化器。

（10）开启干产品控制阀，收集并称量产品总量。

（11）用称衡重方法测定产品湿含量 X_2。

（12）分别提高干燥器进口气温至470K和490K，重复步骤（4)～步骤(11)的操作。

2. 实验注意事项

(1)检查空气压缩机的限压安全阀,严禁超压运行。

(2)注意保持料液流量和出口空气温度的稳定。

(3)密切观察雾化情况,防止喷嘴的堵塞和转盘雾化器的非正常振动。

(4)空气预热器应在规定的温度范围(调节盘上的绿色区域)内运行,严禁超过高限。

五、数据的处理

（1）根据进、出口的空气干、湿球温度分别计算或查出空气在进、出口的湿度 H_1，H_2。

（2）由测定的料液流量与浓度和产品含水率，作物料衡算求出汽化水量 W 和绝干空气消耗量 L 及换算入口体积流量 V_0。

（3）根据 W 和对喷雾干燥器体积的测量结果求出容积汽化强度。

（4）上机用适当的软件作出容积汽化强度随干燥器进口气温的变化曲线，预测实验喷雾干燥器的最大可能容积汽化强度。

六、思考和讨论题

（1）能否通过对各点温度的测量由热量衡算求出绝干空气消耗量 L，并需要作哪些假设？

（2）通过实验能总结出的喷雾干燥器主要优、缺点有哪些？

（3）采取哪些措施可提高喷雾干燥器的容积汽化强度？

（4）为何在干燥过程的物料衡算中要采用绝干基准？

第4章 化工常用仪表

流体的压强、流量和温度等都是科学实验和化工生产过程中需要测量与控制的重要参数，能否正确选择和使用检测仪表直接关系到测量参数信息的准确度。本章将重点介绍化工生产与实验中经常遇到的物理参数如压力、流量、温度等相关仪表的原理、安装和使用。另外，对阿贝折光仪、溶氧仪等测量仪器也作简要介绍。

4.1 压力（差）的测量

这里的压力概念实际上指的是物理学上的压强，即单位面积上所承受压力的大小。根据测量基准不同，可分为绝对压力（以绝对压力零位为基准，高于绝对压力零位的压力）、表压（以大气压力为基准.高于大气压力的压力）、真空度（以大气压力为基准.低于大气压力的压力）。压力表主要用于测定表压或真空度，也可用于压力差的测量。

压力检测仪表种类繁多，这里将分类介绍实验室常用的一些压力仪表，如液柱式压差计、弹性式压力计、差压变送器等。

4.1.1 液柱式压力计

液柱式压力计是以流体静力学为基础，将被测压力（差）转变为液柱高度差。一般用一根粗细均匀的玻璃管弯制而成，也可用两根粗细相同的玻璃管做成连通器形式，内装有液体作为指示液。将液柱式压力计与待测管路（设备）的测压点连通，指示液的高度差就可反映压力（差）的大小。液柱所用指示液种类很多，纯物质或液体混合物均可，但所用液体与被测介质接触处必须有一个清楚而稳定的分界面以便准确读数。常用的指示液有水、水银、酒精和煤油等。

液柱式压力计结构简单、使用方便、精度较高、价格低廉，但由于它不能测量较高压力，也不能进行自动指示和记录，所以应用范围受到限制，一般用于工业生产和实验室较小的压力或压差的精密测量和仪表的校验，用于测量压力差时又称压差计。

常见的液柱式压力计包括普通U形管压力计、倒U形管压力计、倾斜U形管压力计和双液柱U形管压力计等，以下作相关介绍。

（1）普通U形管压力计

如图4-1所示，是最常用的一种液柱压力计。指示剂密度 ρ_0 需大于被测流体密度 ρ，可根据指示剂的高度差 R 计算得到：

$$\mathscr{P}_1-\mathscr{P}_2=(\rho_A-\rho_B)gR$$

式中，$\mathscr{P}$是待测管路中流体的虚拟压强，Pa，$\mathscr{P}=p+\rho gz$。因此，U 形管压差计反映的是两截面总势能（静压能和位能总和）之差。只有当待测管路为水平管路时，才反映的是静压能之差，即：

$$p_1-p_2=(\rho_A-\rho_B)gR$$

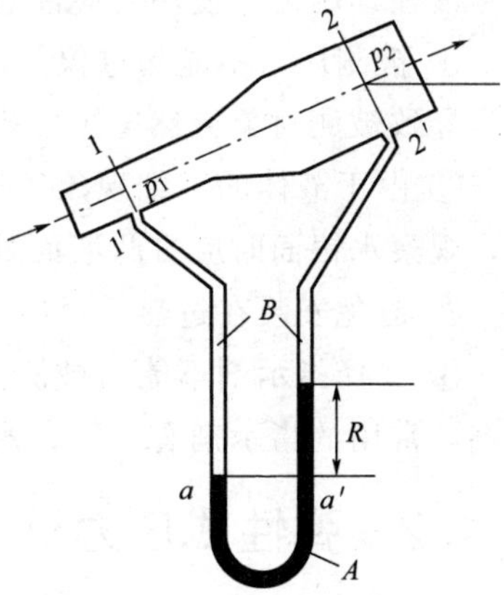

图 4-1　普通 U 形管压力计

（2）倒 U 形管压力计

将普通 U 形管压力计倒置即为倒 U 形管压力计，倒 U 形管压力计通常以空气作为指示剂，一般用于液体较小压差的测量。压差计算公式为：

$$\mathscr{P}_1-\mathscr{P}_2=(\rho-\rho_0)gR$$

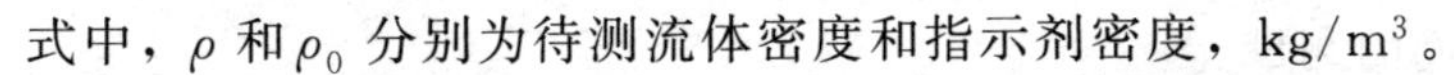

式中，ρ 和 ρ_0 分别为待测流体密度和指示剂密度，kg/m^3。

（3）倾斜 U 形管压力计

倾斜 U 形管压力计如图 4-2 所示，压差计算公式为：

$$\mathscr{P}_1-\mathscr{P}_2=(\rho_0-\rho)gR'\sin\alpha$$

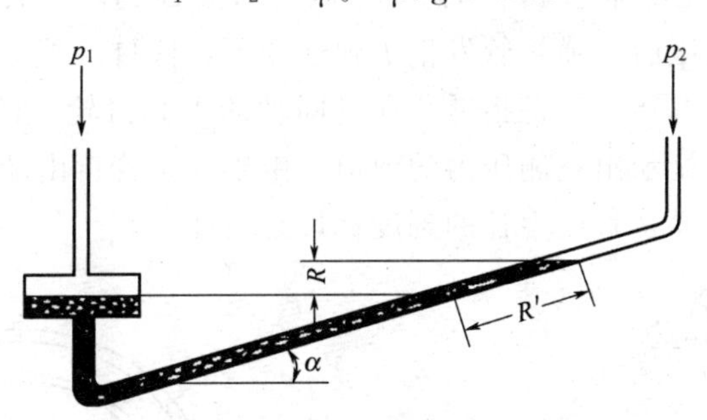

图 4-2　倾斜 U 形管压力计

由于倾斜 U 形管压力计将读数放大了$\frac{1}{\sin\alpha}$，即 $R'=\frac{R}{\sin\alpha}$，从而使读数精确度提高，在较小压差测量时，可获得较大的 R'值，一般用来测量微小的压力和负压。

（4）双液柱 U 形管压力计

双液柱 U 形管压力计是将普通 U 形管的两端连接两个扩大室，并装密度不同的两种指示剂，如图 4-3 所示。一般要求扩大室内径大于 U 形管内径的 10 倍，这样可近似忽略压力（差）改变时两扩大室的液面高度差。根据静力学基本原理，双液柱 U 形管压力计的计算公式为：

$$\mathscr{P}_1-\mathscr{P}_2=(\rho_A-\rho_C)gR$$

可见，当两指示剂密度差（$\rho_A-\rho_C$）较小时，可获得较大的 R 读数，双液柱 U 形管压差计主要用于较小压力（差）的测量，也叫微差压力（差）计。

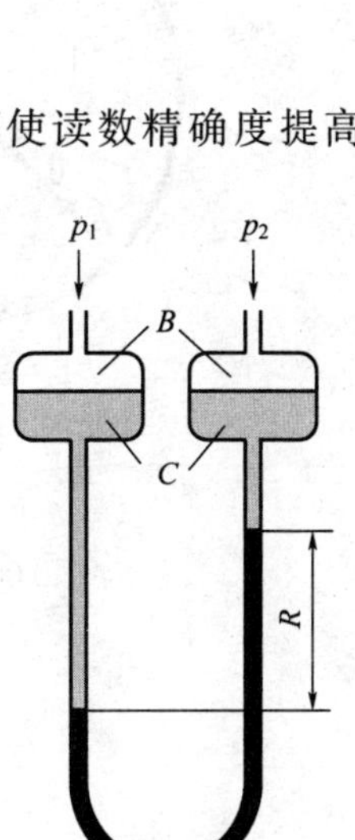

图 4-3　双液柱 U 形管压力计

液柱式压力计使用时应注意：

① 被测压力不能超过仪表的测量范围。实验过程中应注意压力表的变化，避免操作不当导致被测对象突然增压使指示液冲走。

② 由于液体的毛细现象，读取压力值时，视线应在液柱面上，观察水时应看凹液面处，观察水银面时应看凸液面处。

③ 避免安装在过热、过冷、有腐蚀性液体或有振动的地方。

④ 选择指示剂不能与被测流体有混溶或发生反应，根据所测压力大小选择合适的指示剂，常用的指示剂有空气、水、水银、四氯化碳、煤油、甘油等。

4.1.2 弹性式压力计

弹性式压力计是根据弹性元件在压力作用下变形量的大小进行压力的测量。常用的弹性元件有弹簧管、波纹管、薄膜等，其中波纹膜片和波纹管多用于微压和低压测量，弹簧管可用于高、中、低压或真空度的测量。

弹簧管压力计是使用最广泛的弹性式压力计，它主要由弹簧管、齿轮传动机构、示数装置（指针和分度盘）以及外壳等几部分组成，其结构如图 4-4 所示。其弹性元件是一根呈弧形的扁椭圆状的空心金属弹簧管 1。管子的自由端 B 封闭，管子的另一端固定在接头上，与测压点相接。受压后，弹簧管发生了弹性变形，使自由端 B 产生位移，通过拉杆 2 使扇形齿轮 3 作逆时针偏转，于是指针 5 通过同轴的中心齿轮 4 的带动而作顺时针偏转，在表盘 6 的刻度标尺上显示出被测压力的数值。由于弹簧管自由端位移与被测压力之间具有正比例关系，因此，弹簧管压力计的刻度标尺是线性的。

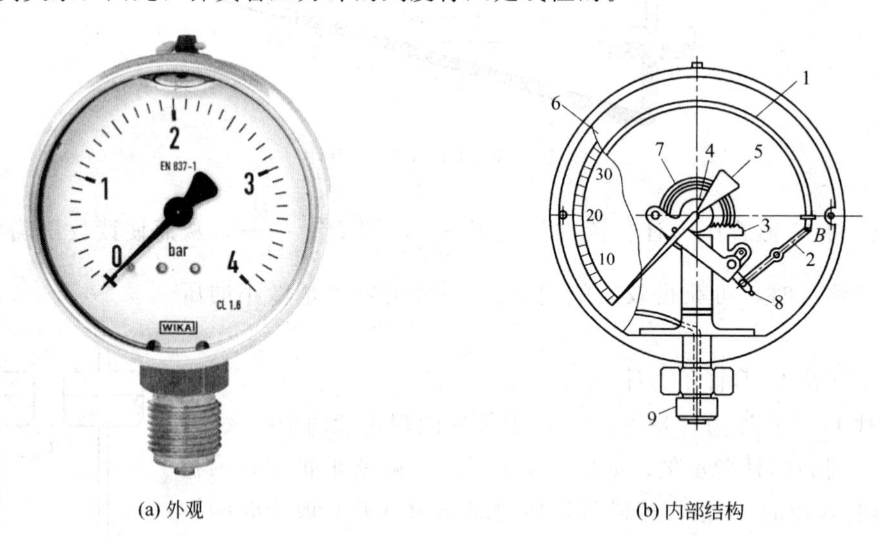

(a) 外观　　(b) 内部结构

图 4-4　弹簧管压力计

1—弹簧管；2—拉杆；3—扇形齿轮；4—中心齿轮；5—指针；6—表盘；7—游丝；8—调整螺钉；9—接头

弹簧管压力计有两种：一种用于测量正压，称为压力表；另一种用来测量负压，称为真空表。这样的测压仪表结构简单、造价低廉、精度较高，并且便于携带和安装使用、测压范围宽（10^{-2}～10^{9}Pa），目前在工业测量中应用最广。

使用弹簧管压力计时需注意以下几点：

① 仪表应在允许的压力范围内工作。一般被测压力的最大值不应超过仪表刻度的70%；压力波动时不应超过测量上限的60%。为保证测量精度，被测压力最小值应以不低于全量程的30%为宜。

② 要注意工作介质的物理性质。测量易爆、腐蚀、有毒流体的压力时，应使用专用的仪表。氧气压力表严禁接触油类，以免爆炸。

③ 仪表安装处与测定点间的距离应尽量短，以免指示迟缓。

④ 仪表必须垂直安装，并无泄漏现象。

⑤ 仪表安装处有振动时必须采取减振措施，如加缓冲器、缓冲圈及紧固装置（压力表安装时采用）等。

⑥ 仪表必须定期校验。

4.1.3　差压变送器

差压变送器可实现对差压测量信号的远距离传送、显示、报警、检测和自动调节，其外型如图4-5所示。

图4-5　差压变送器

差压变送器大多以弹性元件作为感压元件。弹性元件在压力作用下的位移通过电气装置转变为电量，再由相应的仪表将这一电量测出，并以差压值表示出来。

4.2　流速和流量的测量

流速是单位时间内流体流过的距离，流速的测量主要有测速管，用于测定流体的瞬时流速。流量是指单位时间内流过管道某一截面的流体的量，根据流体的量不同有体积流量Q、质量流量w等，由于流体的体积随流体的状态而改变，以体积流量表示时，必须指明被测流体的种类以及流体的温度和压强。一般以体积流量描述的流量计，其指示刻度都是以水或空气为介质，在标准状态下标定的，若实际使用条件和标定条件不符合，需要对流量计进行校正或现场重新标定。

工业和实验室常用的流量测量仪表种类繁多，按其测量原理主要有测量流速的速度式仪表，如差压式孔板流量计、转子流量计、涡轮流量计等；测量单位时间内排出的流体固定容积的容积式仪表如盘式流量计、椭圆齿轮流量计等；还有测量流体质量的质量式流量仪表。

以下重点介绍化工原理实验和工业中常用的测速管、孔板流量计、文丘里流量计、转子流量计、涡轮流量计。

4.2.1　测速管

测速管又称皮托（Pitot）管，这是一种测量点速度的装置。如图4-6所示，它由两根

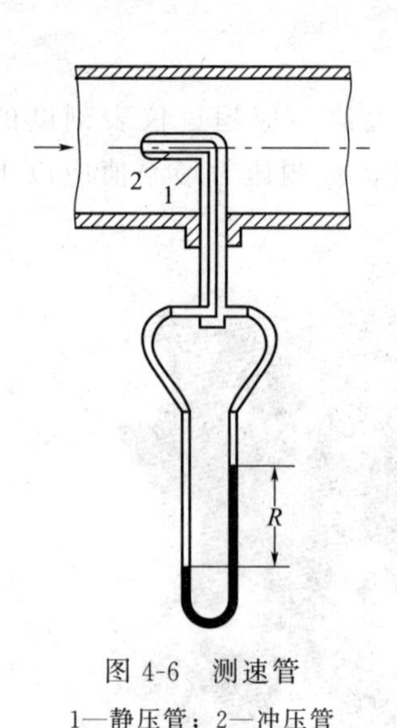

图 4-6　测速管

1—静压管；2—冲压管

弯成直角的同心套管所组成，外管的管口是封闭的，在外管前端壁面四周开有若干测压小孔，为了减小误差，测速管的前端经常做成半球形以减少涡流。测量时，测速管可以放在管截面的任一位置上，并使其管口正对着管道中流体的流动方向，外管与内管的末端分别与液柱压差计的两臂相连接。

当流体流近测速管前端时，流体的动能全部转化为驻点静压能，故测速管内管测得的为管口位置的冲压能（动能与静压能之和），即：

$$h_A=\frac{u^2}{2}+\frac{p}{\rho}$$

测速管外管前端壁面四周的测压孔口测得的是该位置上的静压能，即

$$h_B=\frac{p}{\rho}$$

如果 U 形管压差计的读数为 R，指示液与待测流体的密度分别为 ρ_0 与 ρ，则 R 与测量点处的冲压能之差 $\Delta h=\frac{u^2}{2}$ 相对应，于是可推得

$$u=c\sqrt{2\Delta h}=c\sqrt{\frac{2gR(\rho_0-\rho)}{\rho}}$$

式中　c——流量系数，其值为 1.98～1.00，常可取作“1”。

测速管使用时应注意：

(1) 测速管口一定要正对流体的流动方向，任何角度的偏差都会造成测量误差。

(2) 测速点位于均匀流段，上、下游均应保持有 $50d$（d 为管路直径）以上的直管段或设置疏流装置。

(3) 测速管外径不大于被测管内径的 1/50。

(4) 测速管在使用前必须校正。

(5) 测速管的测压小孔易堵塞，所以不适合用于测量含有固体粒子的流体的流速。

测速管由于流动阻力小，可测速度分布，因此适宜大管道中气速测量，测量时一般需配微压差计。

4.2.2　孔板流量计

孔板流量计是一种应用很广泛的节流式流量计，由节流装置、导压管和压力计三部分组成，如图 4-7 所示。孔板称为节流元件，通常为带圆孔的金属板，孔的中心位于管道中心线上。

当流体流过小孔以后，由于惯性作用，流动截面并不立即扩大到与管截面相等，而是继续收缩一定距离后才逐渐扩大到整个管截面。流动截面最小处（如图中截面 2-2′）称为缩脉。流体在缩脉处的流速最高，即动能最大，而相应的静压强就最低。因此，当流体以一定的流量流经小孔时，就产生一定的压强差，流量愈大，所产生的压强差也就愈大。所以根据测量压强差的大小来度量流体流量。

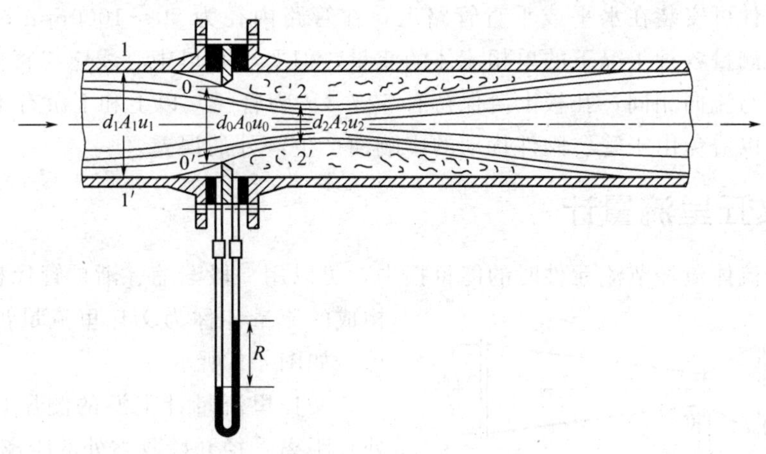

图 4-7　孔板流量计

对不可压缩流体，流量的计算公式为：

$$V=u_0A_0=C_0A_0\sqrt{\frac{2gR(\rho_0-\rho)}{\rho}}$$

式中　V——流体体积流量，m^3/s；

A_0——孔板的流通截面积，m^2；

C_0——孔板的孔流系数；

R——U 形管压力计的指示值，m；

ρ_0——压力计的指示液密度，kg/m^3；

ρ——被测流体的密度，kg/m^3。

孔流系数 C_0 与取压方式、Re、孔口与管道流通截面积之比 A_0/A_1 有关，如图 4-8 所示为角接取压法的孔流系数与 Re 和 A_0/A_1 的关系。图中的 $Re=\frac{\rho u_1 d_1}{\mu}$，其中 d_1 与 u_1 是管道内径和流体在管道内的平均流速。流量计所测的流量范围，最好是落在 C_0 为定值的区域里。设计合适的孔板流量计，其 C_0 值为 0.6～0.7。

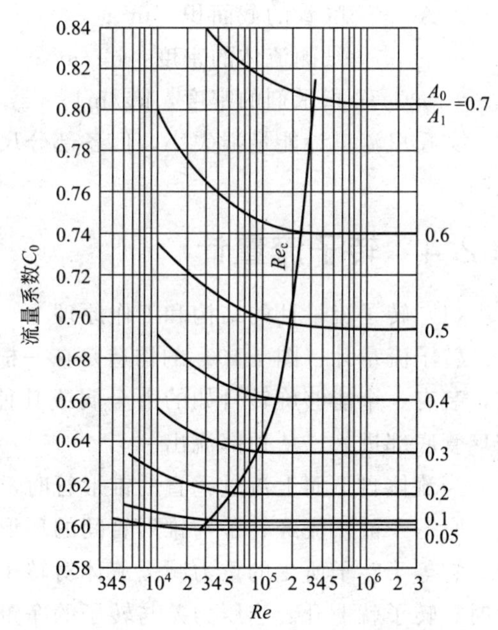

图 4-8　孔板流量计的 C_0 与 Re、$\frac{A_0}{A_1}$ 的关系

对于标准孔板，孔流系数可直接查取。对于非标准孔板，在使用前必须进行校正，取得流量系数或流量校正曲线后，才能使用。

孔板流量计结构简单，无活动部件，工作可靠，寿命长，当流量有较大变化时，为了调整测量条件，调换孔板亦很方便。它的主要缺点是流体经过孔板后能量损失较大，并随 A_0/A_1 的减小而加大。而且孔口边缘容易腐蚀和磨损，所以流量计应定期进行校正。

孔板流量计可安装在水平或垂直管路上，在管路内径为 50～1000mm 范围内均能应用，几乎可以测量各种工况下的单相流体的流量，但要求孔口中心线应与管轴线重合；孔口的钝角方向与流向相同；孔板上游保持有 $50d$（d 为管径）以上和下游有不小于 $10d$ 的直管稳定段，以避免由于管、阀件扰动的影响而产生额外的误差。

4.2.3 文丘里流量计

为了减少流体流经节流元件时的能量损失，可以用一段渐缩、渐扩管代替孔板，这样构成的流量计称为文丘里流量计或文氏流量计，如图 4-9 所示。

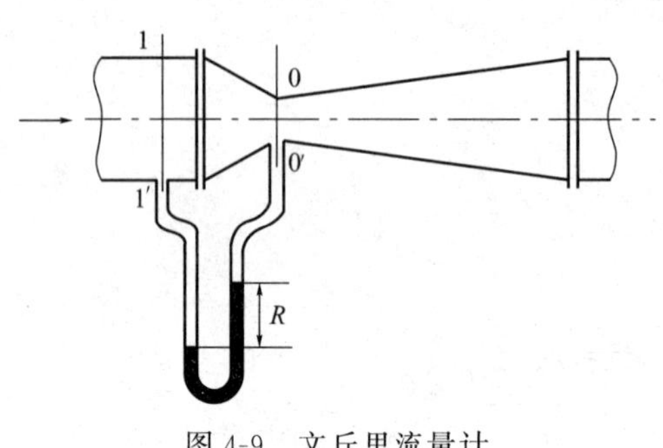

图 4-9 文丘里流量计

文丘里流量计上游的测压口（截面 1-1′处）距离管径开始收缩处的距离至少应为1/2管径，下游测压口设在最小流通截面 0-0′处（称为文氏喉）。由于有渐缩段和渐扩段，流体在其内的流速改变平缓，涡流较少，所以能量损失就比孔板大大减少。

文丘里流量计的流量计算式与孔板流量计相类似，即

$$V=u_0A_0=C_VA_0\sqrt{\frac{2gR(\rho_0-\rho)}{\rho}}$$

式中 C_V——流量系数，无量纲，其值可由实验测定或从仪表手册中查得，一般取 0.98～1.00；

A_0——喉管的截面积，m^2；

ρ——被测流体的密度，kg/m^3；

ρ_0——指示剂的密度，kg/m^3。

文丘里流量计能量损失小，但各部分尺寸要求严格，需要精细加工，所以造价也就比较高。

4.2.4 转子流量计

（1）转子流量计的结构和工作原理

转子流量计（图 4-10）的构造是在一根截面积自下而上逐渐扩大的垂直锥形玻璃管 1 内，装有一个能够旋转自如的由金属或其他材质制成的转子 2（或称浮子）。被测流体从玻璃管底部进入，从顶部流出。

当流体自下而上流过垂直的锥形管时，转子受到两个力的作用：一是垂直向上的推动力，它等于流体流经转子与锥形管间的环形截面所产生的压力差；另一是垂直向下的净重力，它等于转子所受的重力减去流体对转子的浮力。当流量加大使压力差大于转子的净重力时，转子就上升。当压力差与转子的净重力相等时，转子处于平衡状态，即停留在一定位置上。在玻璃管外表面上刻有读数，根据转子的停留位置，即可读出被测流体的流量。

转子流量计是变截面定压差流量计。作用在浮子上下游的压力差为定值，而浮子与锥管间环形截面积随流量而变。浮子在锥形管中的位置高低即反映流量的大小。

转子流量计的流量公式为：

$$V_s = u_R A_R = C_R A_R \sqrt{\frac{2gV_f(\rho_f - \rho)}{\rho A_f}}$$

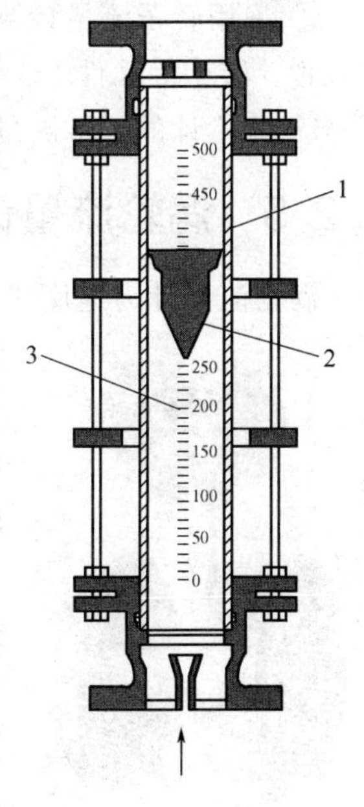

图 4-10　转子流量计

1—锥形玻璃管；2—转子；3—刻度

式中　C_R——转子流量计的流量系数，无量纲，与 Re 值及转子形状有关，由实验测定或从有关仪表手册中查得，当环隙间的 $Re>10^4$ 时，C_R 可取 0.98；

A_R——转子与玻璃管的环形截面积，m^2；

V_f——转子的体积，m^3；

A_f——转子最大部分的截面积，m^2；

ρ_f——转子材质的密度，kg/m^3；

ρ——被测流体的密度，kg/m^3。

由上式可知，对某一转子流量计，如果在所测量的流量范围内，流量系数 C_R 为常数时，则流量只随环形截面积 A_R 而变。由于玻璃管是上大下小的锥体，所以环形截面积的大小随转子所处的位置而变，因而可用转子所处位置的高低来反映流量的大小。

（2）转子流量计的刻度校正

转子流量计的刻度与被测流体的密度有关。通常流量计在出厂之前，生产厂家用空气或水在标定状态（20℃，101.33kPa）下对仪表进行刻度标注。使用时，若不符合标定条件，则需按下列情况和公式进行修正。

假定出厂标定时所用液体与实际工作时的液体的流量系数 C_R 相等，并忽略黏度变化的影响，在同一刻度下，两种液体的流量关系为

$$\frac{V_{s2}}{V_{s1}} = \sqrt{\frac{\rho_1(\rho_f - \rho_2)}{\rho_2(\rho_f - \rho_1)}}$$

式中，下标 1 表示出厂标定时所用的液体；下标 2 表示实际工作时的液体。

同理对用于气体的流量计，在同一刻度下，两种气体的流量关系为

$$\frac{V_{s2}}{V_{s1}} \approx \sqrt{\frac{\rho_1(\rho_f - \rho_2)}{\rho_2(\rho_f - \rho_1)}}$$

因转子材质的密度比任何气体的密度 ρ 要大得多，故上式可简化为

$$\frac{V_{s2}}{V_{s1}} \approx \sqrt{\frac{\rho_1}{\rho_2}}$$

式中，下标 1 表示出厂标定时所用的气体；下标 2 表示实际工作时的气体。

转子流量计读取流量方便，能量损失很小，测量范围也宽，能用于腐蚀性流体的测量。但因流量计管壁大多为玻璃制品，故不能经受高温和高压，在安装和使用中要注意以下几点：

① 转子流量计的锥形管必须垂直安装在垂直、无振动的管路上。

② 被测介质必须由下而上通过。

③ 转子流量计前的直管段长度不小于 $5D_g$（D_g 为流量计的公称直径）。

④ 采用转子流量计测量流量时应缓慢开启阀门，以防止转子激烈振动、冲撞而损坏锥形管、转子等元件。

⑤ 流量计的正常测量值最好选在仪表测量上限的 1/3～2/3 刻度范围内。

4.2.5 涡轮流量计

涡轮流量计为速度式流量计，如图 4-11 所示。涡轮叶片因流体流动冲击而旋转，其旋转速度随流体流量的变化而变化，测出涡轮的转数或转速，就可以确定流过管道的流量。涡轮转速一般可通过适当装置转换成电脉冲信号，通过测量脉冲频率，或用适当的装置将电脉冲信号转换成电压或电流输出，最终测得流体的流量。

图 4-11 涡轮流量计

涡轮流量计测量精度可达 0.5 级以上，在狭小范围内甚至可达 0.1 级，故可以做校验 1.5～2.5 级普通流量计的标准计量仪表。同时涡轮流量计对被测量的信号的变化反应快，当被测介质为水时，涡轮流量计的时间常数一般只有几毫秒至几十毫秒，故特别适用于脉动流量的测量。再者涡轮流量计结构简单、运动部件少、耐高压、测量范围宽、体积小、重量轻、压力损失小、维修方便等，在石油、化工、冶金等行业中具有广泛的使用价值。

使用涡轮流量计时，一般应加装过滤器，以保持被测介质的洁净，减少磨损，并防止涡轮被卡住。涡轮流量计安装时，必须保证变送器的前后有一定的直管段，使流线比较稳定。一般入口直管段的长度取管道内径的 10 倍以上，出口取 5 倍以上。

4.3 温度的测量

温度是化工实验和生产中需要测量和控制的重要参数，如精馏操作中可通过塔板温度监测产品质量和塔内操作状况，流体的很多重要物性如密度、黏度等都和温度有关。测温仪表按测温方式可分为接触式与非接触式两大类。

接触式测温仪表是利用感温元件与待测物体或介质接触足够长时间达到热平衡后温度相等的特性进行温度的测定。由于热平衡需要一定时间才能达到，存在测温滞后现象，同时感温元件可能破坏被测对象的温度场并可能与被测介质发生化学反应，并且虽然仪表简单，测量精度较高，但不能测量很高的温度。常见的接触式测温仪表有热膨胀式温度计、压力表式温度计、热电阻温度计和热电偶温度计。

非接触式等温仪表的感温元件不与被测物体或介质接触，而是利用热辐射的原理进行温度测量，其测温范围大，不受测温上限限制，也不会破坏被测物体的温度场，反应速度比较快，但测量误差较大。常用于运动物体、热容量小或特高温度场合如炼钢、炼铁的高温炉内温度的测量等。

以下重点对化工生产和实验中常见的接触式测温仪表进行介绍。

4.3.1 热膨胀式温度计

热膨胀式温度计是利用物质热胀冷缩的特性制成的，分为液体热膨胀式和固体热膨胀式温度计。

（1）玻璃管温度计

玻璃管温度计是最常用的液体热膨胀式温度计，感温物质通常有水银、酒精、甲苯、煤油等。其中水银温度计测量范围广、刻度均匀、读数准确，但破损后会造成汞污染。有机液体（乙醇、苯等）温度计着色后读数明显，但由于膨胀系数随温度变化，故刻度不均匀，读数误差较大。玻璃管温度计测温范围较窄，一般在－40～400℃之间，精度也不太高，易损坏，但比较简单，价格便宜。为了避免在使用温度计时被碰伤，工业上使用时常在其外面罩有金属保护管。

在玻璃管温度计安装和使用方面，要注意以下几点：

① 安装在没有大的振动、不易受到碰撞的设备上。特别是对有机液体玻璃温度计，如果振动很大，容易使液柱中断。

② 玻璃温度计感温泡中心应处于温度变化最敏感处（如管道中流速最大处）。

③ 玻璃温度计应安装在便于读数的场合，不能倒装，也尽量不要倾斜安装。

④ 为了减小读数误差，应在玻璃温度计保护管中加入甘油、变压器油等，以排除空气等不良热导体。

⑤ 水银温度计按凸面最高点读数，有机液体温度计则按凹面最低点读数。

⑥ 为了准确测定温度，需要将玻璃管温度计的感温部分全部浸没在待测物体中。

在采用玻璃管温度计进行温度精确测量时需要校正，方法有两种：①与标准温度计在同一状况下比较。可将被校温度计与标准温度计一同插入恒温槽中，待恒温槽温度稳定后，比较被校温度计和标准温度计的示值。②如果没有标准温度计，也可使用冰-水-水蒸气的相变温度来校正温度计。

（2）双金属温度计

在需要控制温度时可用双金属温度计，这是一种常用的固体热膨胀式温度计，它是将两种不同膨胀系数的金属片安装在一起，利用其受热后的变形差不同而产生位移，经机械放大或电气放大，将温度变化检测出来。双金属温度计结构简单，机械强度大，不仅可测温，还可控制温度，如干燥实验中空气的温度控制，实验室用的恒温水浴的温度控制。其结构简单、牢固，可部分取代水银温度计，可用于气体、液体及蒸气的温度测量和控制。目前国产的双金属温度计测量范围是－80～600℃，工作环境温度为－40～60℃，通常精确度等级为 1 级、1.5 级和 2.5 级。

4.3.2　热电阻温度计

热电阻温度计是根据导体（或半导体）的电阻值随温度变化而变化的性质，将电阻位的变化用显示仪表反映出来，从而达到测温的目的。热电阻温度计由热电阻感温元件、连接导线和二次显示仪表三部分所组成，常见的电阻感温元件有铂电阻、铜电阻和半导体热敏电阻三种。

铂电阻感温元件的特点是测量精度高、性能稳定，使用温度范围为－259～630℃，有 Pt50 和 Pt100 两个分度号。Pt50 是指 0℃ 的电阻值 $R_{t0}=50\Omega$，Pt100 是指 0℃ 的电阻值 $R_{t0}=100\Omega$，化工原理实验室的实验装置中大多采用 Pt100 电阻测温，由 AI 智能仪表变送和显示，并且向计算机传送。

铜电阻感温元件的测温范围狭窄，物理、化学稳定性不及铂电阻，但价格便宜，并且在－50～150℃范围内，电阻值与温度的线性关系好，因此应用比较普遍。

半导体热敏电阻的感温元件采用各种金属氧化物的混合物，如采用锰、镍、钴、铜或铁的氧化物，按一定比例混合后压制而成。其形状是多样的，有球状、圆片状、圆筒状等。热敏电阻是非线性电阻，但随着生产工艺不断改进，我国热敏电阻的线性度、稳定性、一致性都达到一定水平。

热电阻温度计具有结构简单、性能稳定、测量范围宽（铂、铜电阻温度计为－200～600℃，半导体热敏电阻温度计为－50～300℃）、精度高、使用方便等特点，将热电阻与二次仪表配套使用，还可以远传、显示、记录和控制液体、气体、蒸气等介质及固体表面的温度。但由于其热容量较大，因而热惯性较大，限制了它在动态测量中的应用。目前我国已研制出小型箔式的铂电阻，动态性能明显改善，同时也降低了成本。热电阻已成为工业上广泛应用的感温元件。

4.3.3 热电偶温度计

热电偶温度计由热电偶（感温元件）、冷端温度补偿装置和显示仪表三部分组成，之间通过导线连接。

热电偶是由两根不同的导体或半导体材料焊接或铰接而成的。热电偶焊接的一端置于被测温度 T 处，称为热电偶的热端（测量端或工作端）；热电偶的另一端置于被测对象之外温度为 T_0 的环境中，称为热电偶的冷端（参考端或自由端），把热电偶的冷、热端通过导线连接起来后形成一个闭合回路。当热端与冷端的温度不同时，由热电效应在闭合回路中产生热电势。热电偶材料一定的情况下，冷端温度 T_0 固定时，热电动势的大小仅与热端温度 T 有关，这样，只要测出热电势的大小，就能得到被测温度 T。

为了保证在工程技术中应用可靠，并有足够的精确度，对热电偶电极材料要求较高，目前我国热电偶已按国际标准生产，主要的标准化热电偶及其温度范围见表 4-1。需要说明的是实际使用特别是长时间使用时，一般允许测量的温度上限是极限值的 60%～80%。

表 4-1　标准化热电偶

型号标志	材料	温度范围/℃	型号标志	材料	温度范围/℃
S	铂铑$_{10}$[①]-铂	－50～1768	N	镍铬硅-镍硅	－270～1300
R	铂铑$_{13}$-铂	－50～1768	E	镍铬-铜镍合金(康铜)	－270～1000
B	铂铑$_{30}$-铂铑$_{6}$	0～1820	J	铁-铜镍合金(康铜)	－210～1200
K	镍铬-镍硅	－270～1372	T	铜-铜镍合金(康铜)	－270～400

① 铂铑$_{10}$表示铂为 90%，铑为 10%，依此类推。

热电偶的冷端温度需维持恒定不变（一般为 0℃）才能消除冷端温度变化对热电势的影响，通常需先采用补偿导线法将热电偶的冷端延伸到温度相对恒定的控制室后再对其进行冷端温度恒定处理。补偿导线法通常是采用一对热电性与热电偶相同的金属丝，将热电偶的冷端进行延伸。研究表明，只要保证补偿导线两端的温度相同，将其引入热电偶回路中对原热电偶所产生的热电势数值是没影响的，因此补偿导线只起到延伸电极的作用，此时补偿导线的末端即为冷端。补偿导线通常是相对廉价的金属丝，这样可以节约热电偶丝长度，节约贵金属材料，因而是经济的，尤其是使用贵重金属铂、铑-铂热电偶具有突出意义。

采用补偿导线将冷端延伸后还需对冷端进行恒温处理，主要的处理方法有冰浴法和补偿电桥法。冰浴法是先将热电偶冷端放在盛有绝缘油的试管中，然后再将试管放入盛满冰水混合物的容器中，可使冷端保持 0℃。而补偿电桥法是将冷端接入一个平衡电桥补偿器中，自动补偿因冷端温度变化而引起的热电势变化。

热电偶温度计具有性能稳定、结构简单、使用方便、测温范围广、精度高、热惯性小等优点，且能方便地将温度信号转换成电势信号，便于信号的远传和多点集中测量，如果将热电偶与自动检测仪表和打印记录仪表相连接，就能实现现温度的控制、显示和记录，故应用十分广泛。一般而言，热电偶适用于测量 500℃以上的较高温度。当温度在 500℃以下的中、低温时，热电偶的热电动势往往很小，对电位差计的放大器和抗干扰措施要求提高，而且在较低温度区域时冷端的温度变化和环境温度变化所引起的测量误差增大，很难得到完全补偿。

4.3.4　测温仪表的选用

测温仪表在选用时需考虑以下几点：

① 测量温度的范围和精度要求是否满足要求。

② 被测物体的温度是否需要指示、记录和自动控制。

③ 感温元件尺寸是否会破坏被测物体的温度场。

④ 被测温度不断变化时，感温元件的滞后性能是否符合测温要求。

⑤ 被测物体和环境条件对感温元件有无损害。

另外还要考虑仪表是否便于读数和记录，仪表使用寿命等。

4.3.5　接触式测温仪表的安装和使用

① 测温仪表的安装位置要有利于感温元件和被测介质之间充分进行热交换。不应把感温元件插至被测介质的死角区域，在管道中，感温元件的工作端应处于管道中流速最大之处。例如膨胀式温度计应使测温点的中心置于管道中心线上；热电偶保护套管的末端应越过流束中心线约为 5～10mm；热电阻保护管的末端应越过流束中心线，铂电阻约为 50～70mm，铜电阻约为 25～30mm。

② 感温元件需要插入被测物体一定深度，减少测量误差。在气体介质中，金属保护管插入深度为保护管直径的 10～20 倍，非金属保护管插入深度为保护管直径的 10～15 倍。

③ 水银温度计只能垂直或倾斜安装，不得水平安装，更不能倒装，同时需保证使用时观察方便。

④ 在高温场合，要避免热辐射产生的测温偏差。可在安装感温元件处的器壁表面包绝热层，以减少热损失。

⑤ 感温元件应与被测介质形成逆流，至少须与被测介质流向垂直，切勿与被测介质形成顺流，否则易产生测温偏差。

附录

附录一　化工原理常用物性数据

1. 干空气的物理性质（p=101.325kPa）

温度 t/℃	密度 ρ/kg·m^{-3}	定压比热容 c_p /kJ·kg^{-1}·℃$^{-1}$	热导率 λ /10^{-2}W·m^{-1}·℃$^{-1}$	黏度 μ/10^{-5}Pa·s	普朗特数 Pr
−50	1.584	1.013	2.035	1.46	0.728
−40	1.515	1.013	2.117	1.52	0.728
−30	1.453	1.013	2.198	1.57	0.723
−20	1.395	1.009	2.279	1.62	0.716
−10	1.342	1.009	2.360	1.67	0.712
0	1.293	1.009	2.442	1.72	0.707
10	1.247	1.009	2.512	1.77	0.705
20	1.205	1.013	2.593	1.81	0.703
30	1.165	1.013	2.675	1.86	0.701
40	1.128	1.013	2.756	1.91	0.699
50	1.093	1.017	2.826	1.96	0.698
60	1.060	1.017	2.896	2.01	0.696
70	1.029	1.017	2.966	2.06	0.694
80	1.000	1.022	3.047	2.11	0.692
90	0.972	1.022	3.128	2.15	0.690
100	0.946	1.022	3.210	2.19	0.688
120	0.898	1.026	3.338	2.29	0.686
140	0.854	1.026	3.489	2.37	0.684
160	0.815	1.026	3.640	2.45	0.682

续表

温度 t/℃	密度 ρ/$kg \cdot m^{-3}$	定压比热容 c_p /$kJ \cdot kg^{-1} \cdot ℃^{-1}$	热导率 λ /$10^{-2} W \cdot m^{-1} \cdot ℃^{-1}$	黏度 μ/$10^{-5} Pa \cdot s$	普朗特数 Pr
180	0.779	1.034	3.780	2.53	0.681
200	0.746	1.034	3.931	2.60	0.680
250	0.674	1.043	4.268	2.74	0.677
300	0.615	1.047	4.605	2.97	0.674
350	0.566	1.055	4.908	3.14	0.676
400	0.524	1.068	5.210	3.31	0.678
500	0.456	1.072	5.745	3.62	0.687
600	0.404	1.089	6.222	3.91	0.699
700	0.362	1.102	6.711	4.18	0.706
800	0.329	1.114	7.176	4.43	0.713
900	0.301	1.127	7.630	4.67	0.717
1000	0.277	1.139	8.071	4.90	0.719
1100	0.257	1.152	8.502	5.12	0.722
1200	0.239	1.164	9.153	5.35	0.724

空气的物性与温度的关系如下：

（1）空气的密度与温度的关系：$\rho = 10^{-5} t^2 - 4.5 \times 10^{-3} t + 1.2916$

（2）空气的比热容与温度的关系：60℃以下 $c_p = 1005 J/(kg \cdot ℃)$

70℃以上 $c_p = 1009 J/(kg \cdot ℃)$

（3）空气的热导率与温度的关系：$\lambda = -2 \times 10^{-8} t^2 + 8 \times 10^{-5} t + 0.0244$

（4）空气的黏度与温度的关系：$\mu = (-2 \times 10^{-6} t^2 + 5 \times 10^{-3} t + 1.7169) \times 10^{-5}$

2. 水的重要物理性质

温度/℃	压力 /100kPa	密度 /$kg \cdot m^{-3}$	焓 /$kJ \cdot kg^{-1}$	比热容 /$kJ \cdot kg^{-1} \cdot K^{-1}$	热导率 /$W \cdot m^{-1} \cdot K^{-1}$	黏度 /$mPa \cdot s$	运动黏度 /$10^{-5} m^2 \cdot s^{-1}$	体积膨胀系数 /$10^{-3} ℃^{-1}$	表面张力 /$mN \cdot m^{-1}$
0	1.013	999.9	0	4.212	0.551	1.789	0.1789	−0.063	75.6
10	1.013	999.7	42.04	4.191	0.575	1.305	0.1306	0.070	74.1
20	1.013	998.2	83.9	4.183	0.599	1.005	0.1006	0.182	72.7
30	1.013	995.7	125.8	4.174	0.618	0.801	0.0805	0.321	71.2
40	1.013	992.2	167.5	4.174	0.634	0.653	0.0659	0.387	69.6
50	1.013	988.1	209.3	4.174	0.648	0.549	0.0556	0.449	67.7
60	1.013	983.2	251.1	4.178	0.659	0.470	0.0478	0.511	66.2

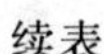
续表

温度/℃	压力/100kPa	密度/kg·m^{-3}	焓/kJ·kg^{-1}	比热容/kJ·kg^{-1}·K^{-1}	热导率/W·m^{-1}·K^{-1}	黏度/mPa·s	运动黏度/10^{-5}m^2·s^{-1}	体积膨胀系数/10^{-3}℃$^{-1}$	表面张力/mN·m^{-1}
70	1.013	977.8	293.0	4.187	0.668	0.406	0.0415	0.570	64.3
80	1.013	971.8	334.9	4.195	0.675	0.355	0.0365	0.632	62.6
90	1.013	965.3	377.0	4.208	0.680	0.315	0.0326	0.695	60.7
100	1.013	958.4	419.1	4.220	0.683	0.283	0.0295	0.752	58.8
110	1.433	951.0	461.3	4.233	0.685	0.259	0.0272	0.808	56.9
120	1.986	943.1	503.7	4.250	0.686	0.237	0.0252	0.864	54.8
130	2.702	934.8	546.4	4.266	0.686	0.218	0.0233	0.919	52.8
140	3.624	926.1	589.1	4.287	0.685	0.201	0.0217	0.972	50.7
150	4.761	917.0	632.2	4.312	0.684	0.186	0.0203	1.03	48.6
160	6.481	907.4	675.3	4.346	0.683	0.173	0.0191	1.07	46.6
170	7.924	897.3	719.3	4.386	0.679	0.163	0.0181	1.13	45.3
180	10.03	886.9	763.3	4.417	0.675	0.153	0.0173	1.19	42.3
190	12.55	876.0	807.6	4.459	0.670	0.144	0.0165	1.26	40.0
200	15.54	863.0	852.4	4.505	0.663	0.136	0.0158	1.33	37.7
210	19.07	852.8	897.6	4.555	0.655	0.130	0.0153	1.41	35.4
220	23.20	840.3	943.7	4.614	0.645	0.124	0.0148	1.48	33.1
230	27.98	827.3	990.2	4.681	0.637	0.120	0.0145	1.59	31.0
240	33.47	813.6	1038	4.756	0.628	0.115	0.0141	1.68	28.5
250	39.77	799.0	1086	4.844	0.618	0.110	0.0137	1.81	26.2
260	46.93	784.0	1135	4.949	0.604	0.106	0.0135	1.97	23.8
270	55.03	767.9	1185	5.070	0.590	0.102	0.0133	2.16	21.5
280	64.16	750.7	1237	5.229	0.575	0.098	0.0131	2.37	19.1
290	74.42	732.3	1290	5.485	0.558	0.094	0.0129	2.62	16.9
300	85.81	712.5	1345	5.730	0.540	0.091	0.0128	2.92	14.4
310	98.76	691.1	1402	6.071	0.523	0.088	0.0128	3.29	12.1
320	113.0	667.1	1462	6.573	0.506	0.085	0.0128	3.82	9.81
330	128.7	640.2	1526	7.24	0.484	0.081	0.0127	4.33	7.67
340	146.1	610.1	1595	8.16	0.47	0.077	0.0127	5.34	5.67
350	165.3	574.4	1671	9.50	0.43	0.073	0.0126	6.68	3.81
360	189.6	528.0	1761	13.98	0.40	0.067	0.0126	10.9	2.02
370	210.4	450.5	1892	40.32	0.34	0.057	0.0126	26.4	4.71

3. 饱和水蒸气表

(1) 按温度排列

温度 t/℃	绝压 /kPa	蒸汽的比体积 /m³·kg⁻¹	蒸汽的密度 /kg·m⁻³	焓(液体) /kJ·kg⁻¹	焓(蒸汽) /kJ·kg⁻¹	汽化潜热 /kJ·kg⁻¹
0	0.6112	206.2	0.00485	−0.05	2500.5	2500.5
5	0.8725	147.1	0.00680	21.02	2509.7	2488.7
10	1.2228	106.3	0.00941	42.00	2518.9	2476.9
15	1.7053	77.9	0.01283	62.95	2528.1	2465.1
20	2.3339	57.8	0.01719	83.86	2537.2	2453.3
25	3.1687	43.36	0.02306	104.77	2546.3	2441.5
30	4.2451	32.90	0.03040	125.68	2555.4	2429.7
35	5.6263	25.22	0.03965	146.59	2564.4	2417.8
40	7.3811	19.53	0.05120	167.50	2573.4	2405.9
45	9.5897	15.26	0.06553	188.42	2582.3	2393.9
50	12.345	12.037	0.0831	209.33	2591.2	2381.9
55	15.745	9.572	0.1045	230.24	2600.0	2369.8
60	19.933	7.674	0.1303	251.15	2608.8	2357.6
65	25.024	6.199	0.1613	272.08	2617.5	2345.4
70	31.178	5.044	0.1983	293.01	2626.1	2333.1
75	38.565	4.133	0.2420	313.96	2634.6	2320.7
80	47.376	3.409	0.2933	334.93	2643.1	2308.1
85	57.818	2.829	0.3535	355.92	2651.4	2295.5
90	70.121	2.362	0.4234	376.94	2659.6	2282.7
95	84.533	1.983	0.5043	397.98	2667.7	2269.7
100	101.33	1.674	0.5974	419.06	2675.7	2256.6
105	120.79	1.420	0.7042	440.18	2683.6	2243.4
110	143.24	1.211	0.8258	461.33	2691.3	2229.9
115	169.02	1.037	0.9643	482.52	2698.8	2216.3
120	198.48	0.892	1.121	503.76	2706.2	2202.4
125	232.01	0.7709	1.297	525.04	2713.4	2188.3
130	270.02	0.6687	1.495	546.38	2720.4	2174.0
135	312.93	0.5823	1.717	567.77	2727.2	2159.4
140	361.19	0.5090	1.965	589.21	2733.8	2144.6
145	415.29	0.4464	2.240	610.71	2740.2	2129.5
150	475.71	0.3929	2.545	632.28	2746.4	2114.1
160	617.66	0.3071	3.256	675.62	2757.9	2082.3
170	791.47	0.2428	4.119	719.25	2768.4	2049.2
180	1001.9	0.1940	5.155	763.22	2777.7	2014.5
190	1254.2	0.1565	6.390	807.56	2785.8	1978.2
200	1553.7	0.1273	7.855	852.34	2792.5	1940.1
210	1906.2	0.1044	9.579	897.62	2797.7	1900.0
220	2317.8	0.0862	11.600	943.46	2801.2	1857.7
230	2795.1	0.07155	13.98	989.95	2803.0	1813.0

续表

温度 t/℃	绝压/kPa	蒸汽的比体积/$m^3 \cdot kg^{-1}$	蒸汽的密度/$kg \cdot m^{-3}$	焓(液体)/$kJ \cdot kg^{-1}$	焓(蒸汽)/$kJ \cdot kg^{-1}$	汽化潜热/$kJ \cdot kg^{-1}$
240	3344.6	0.05974	16.74	1037.2	2802.9	175.7
250	3973.5	0.05011	19.96	1085.3	2800.7	1715.4
260	4689.2	0.04220	23.70	1134.3	2796.1	1661.8
270	5499.6	0.03564	28.06	1184.5	2789.1	1604.5
280	6412.7	0.03017	33.15	1236.0	2779.1	1543.1
290	7437.5	0.02557	39.11	1289.1	2765.8	1476.7
300	8583.1	0.02167	46.15	1344.0	2748.7	1404.7
310	9859.7	0.01834	54.53	1401.2	2727.0	1325.9
320	11278	0.01548	64.60	1461.2	2699.7	1238.5
330	12851	0.01299	76.98	1524.9	2665.3	1140.4
340	14593	0.01079	92.68	1593.7	2621.3	1027.6
350	16521	0.00881	113.5	1670.3	2563.4	893.0
360	18657	0.00696	143.7	1761.1	2481.7	720.6
370	21033	0.00498	200.8	1891.7	2338.8	447.1
374	22073	0.00311	321.5	2085.9	2085.9	0

(2) 按压力排列

绝压/kPa	温度/℃	蒸汽的比体积/$m^3 \cdot kg^{-1}$	蒸汽的密度/$kg \cdot m^{-3}$	焓(液体)/$kJ \cdot kg^{-1}$	焓(蒸汽)/$kJ \cdot kg^{-1}$	汽化潜热/$kJ \cdot kg^{-1}$
1.0	6.9	129.19	0.00774	29.21	2513.3	2484.1
1.5	13.0	87.96	0.01137	54.47	2524.4	2469.9
2.0	17.5	67.01	0.01492	73.58	2532.7	2459.1
2.5	21.1	54.25	0.01843	88.47	2539.2	2443.6
3.0	24.1	45.67	0.02190	101.07	2544.7	2437.6
3.5	26.7	39.47	0.02534	111.76	2549.3	2437.6
4.0	29.0	34.80	0.02814	121.30	2553.5	2432.2
4.5	31.1	31.14	0.03211	130.08	2557.3	2427.2
5.0	32.9	28.19	0.03547	137.72	2560.6	2422.8
6.0	36.2	23.74	0.04212	151.47	2566.5	2415.0
7.0	39.0	20.53	0.04871	163.31	2571.6	2408.3
8.0	41.5	18.10	0.05525	173.81	2576.1	2402.3
9.0	43.8	16.20	0.06173	183.36	2580.2	2396.8
10	45.8	14.67	0.06817	191.76	2583.7	2392.0
15	54.0	10.02	0.09980	225.93	2598.2	2372.3
20	60.1	7.65	0.13068	251.43	2608.9	2357.5
30	69.1	5.23	0.19120	289.26	2624.6	2335.3
40	75.9	3.99	0.25063	317.61	2636.1	2318.5
50	81.3	3.24	0.30864	340.55	2645.3	2304.8
60	85.9	2.73	0.36630	359.91	2653.0	2293.1

续表

绝压 /kPa	温度/℃	蒸汽的比体积 /$m^3 \cdot kg^{-1}$	蒸汽的密度 /$kg \cdot m^{-3}$	焓(液体) /$kJ \cdot kg^{-1}$	焓(蒸汽) /$kJ \cdot kg^{-1}$	汽化潜热 /$kJ \cdot kg^{-1}$
70	90.0	2.37	0.42229	376.75	2659.6	2282.8
80	93.5	2.09	0.47807	391.71	2665.3	2273.6
90	96.7	1.87	0.53384	405.20	2670.5	2265.3
100	99.6	1.70	0.58961	417.52	2675.1	2257.6
120	104.8	1.43	0.69868	439.37	2683.3	2243.9
140	109.3	1.24	0.80758	458.44	2690.2	2231.8
160	113.3	1.092	0.91575	475.42	2696.3	2220.9
180	116.9	0.978	1.0225	490.76	2701.7	2210.9
200	120.2	0.886	1.1287	504.78	2706.5	2201.7
250	127.4	0.719	1.3904	535.47	2716.8	2181.4
300	133.6	0.606	1.6501	561.58	2725.3	2163.7
350	138.9	0.524	1.9074	584.45	2732.4	2147.9
400	143.7	0.463	2.1618	604.87	2738.5	2133.6
450	147.9	0.414	2.4152	623.38	2743.9	2120.5
500	151.9	0.375	2.6673	640.35	2748.6	2108.2
600	158.9	0.316	3.1686	670.67	2756.7	2086.0
700	165.0	0.273	3.6657	697.32	2763.3	2066.0
800	170.4	0.240	4.1614	721.20	2768.9	2047.7
900	175.4	0.215	4.6525	742.90	2773.6	2030.7
1×10^3	179.9	0.194	5.1432	762.84	2777.7	2014.8
1.1×10^3	184.1	0.177	5.6339	781.35	2781.2	1999.9
1.2×10^3	188.0	0.163	6.1350	798.64	2787.0	1985.7
1.3×10^3	191.6	0.151	6.6225	814.89	2787.0	1972.1
1.4×10^3	195.1	0.141	7.1038	830.24	2789.4	1959.1
1.5×10^3	198.3	0.132	7.5935	844.82	2791.5	1946.6
1.6×10^3	201.4	0.124	8.0814	858.69	2793.3	1934.6
1.7×10^3	204.3	0.117	8.5470	871.96	2794.9	1923.0
1.8×10^3	207.2	0.110	9.0533	884.67	2796.3	1911.7
1.9×10^3	209.8	0.105	9.5392	896.88	2797.6	1900.7
2×10^3	212.4	0.0996	10.0402	908.64	2798.7	1890.0
3×10^3	233.9	0.0667	14.9925	1008.2	2803.2	1794.9
4×10^3	250.4	0.0497	20.1207	1087.2	2800.5	1713.4
5×10^3	264.0	0.0394	25.3663	1154.2	2793.6	1639.5
6×10^3	275.6	0.0324	30.8494	1213.3	2783.8	1570.5
7×10^3	285.9	0.0274	36.4964	1266.9	2771.7	1504.8
8×10^3	295.0	0.0235	42.5532	1316.5	2757.7	1441.2
9×10^3	303.4	0.0205	48.8945	1363.1	2741.9	1378.9
1×10^4	311.0	0.0180	55.5407	1407.2	2724.5	1317.2
1.2×10^4	324.7	0.0143	69.9301	1490.7	2684.5	1193.8
1.4×10^4	336.7	0.0115	87.3020	1570.4	2637.1	1066.7
1.6×10^4	347.4	0.00931	107.4114	1649.4	2580.2	930.8
1.8×10^4	357.0	0.00750	133.3333	1732.0	2509.5	777.4
2×10^4	365.8	0.00587	170.3578	1827.2	2413.1	585.9

4. 常用固体材料的物理性质

名称	密度 /kg·m⁻³	热导率 /W·m⁻¹·K⁻¹	热导率 /kcal·m⁻¹·h⁻¹·℃⁻¹	比热容 /kJ·kg⁻¹·K⁻¹	比热容 /kcal·kgf⁻¹·℃⁻¹
(1)金属					
钢	7850	45.3	39.0	0.46	0.11
不锈钢	7900	17	15	0.50	0.12
铸铁	7220	62.8	54.0	0.50	0.12
铜	8800	383.8	330.0	0.41	0.097
青铜	8000	64.0	55.0	0.38	0.091
黄铜	8600	85.5	73.5	0.38	0.09
铝	2670	203.5	175.0	0.92	0.22
镍	9000	58.2	50.0	0.46	0.11
铅	11400	34.9	30.0	0.13	0.031
(2)塑料					
酚醛	1250～1300	0.13～0.26	0.11～0.22	1.3～1.7	0.3～0.4
尿醛	1400～1500	0.30	0.26	1.3～1.7	0.3～0.4
聚氯乙烯	1380～1400	0.16	0.14	1.8	0.44
聚苯乙烯	1050～1070	0.08	0.07	1.3	0.32
低压聚乙烯	940	0.29	0.25	2.6	0.61
高压聚乙烯	920	0.26	0.22	2.2	0.53
有机玻璃	1180～1190	0.14～0.20	0.12～0.17	—	—
(3)建筑材料、绝热材料、耐酸材料及其他					
干沙	1500～1700	0.45～0.48	0.39～0.50	0.8	0.19
黏土	1600～1800	0.47～0.53	0.4～0.46	0.75 (−20～20℃)	0.18 (−20～20℃)
锅炉炉渣	700～1100	0.19～0.30	0.16～0.26	—	—
黏土砖	1600～1900	0.47～0.67	0.40～0.58	0.92	0.22
耐火砖	1840	1.05(800～1100℃)	0.9(800～1100℃)	0.88～1.00	0.21～0.24
绝缘砖(多孔)	600～1400	0.16～0.37	0.14～0.32	—	—
混凝土	2000～2400	1.3～1.55	1.1～1.33	0.84	0.20
松木	500～600	0.07～0.10	0.06～0.09	2.7(0～100℃)	0.65(0～100℃)
软土	100～300	0.041～0.064	0.035～0.055	0.96	0.23
石棉板	770	0.11	0.10	0.816	0.195
石棉水泥板	1600～1900	0.35	0.3	—	—
玻璃	2500	0.74	0.64	0.67	0.16
耐酸陶瓷制品	2200～2300	0.93～1.0	0.8～0.9	0.75～0.80	0.18～0.19
耐酸砖和板	2100～2400	—	—	—	—
耐酸搪瓷	2300～2700	0.99～1.04	0.85～0.9	0.84～1.26	0.2～0.3
橡胶	1200	0.16	0.14	1.38	0.33
冰	900	2.3	2.0	2.11	0.505

5. 液体比热容共线图

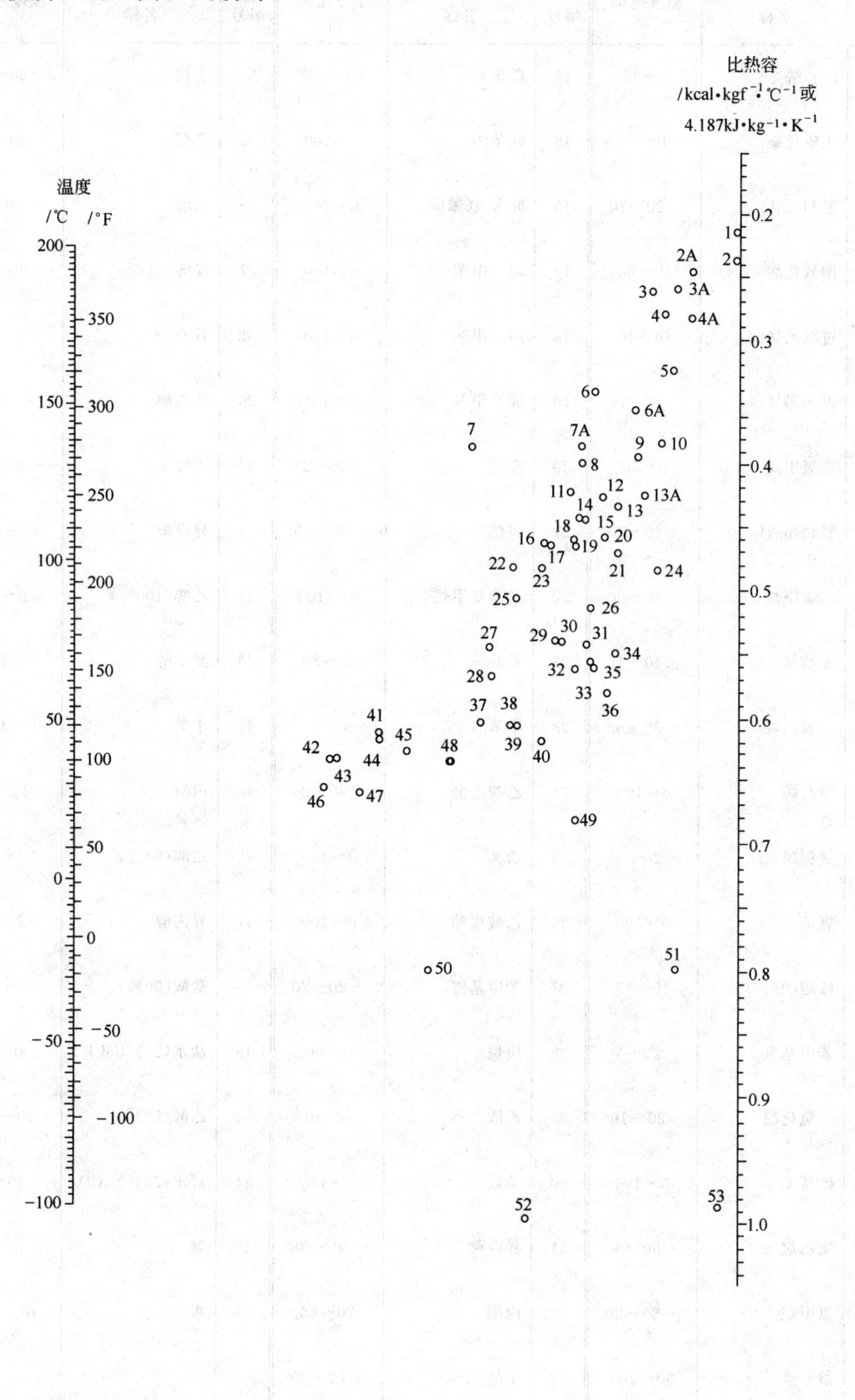
比热容
/kcal·kgf⁻¹·℃⁻¹或
4.187kJ·kg⁻¹·K⁻¹
温度
/℃ /°F
200
350
150
300
250
100
200
150
50
100
50
0
0
-50
-50
-100
-100
0.2
0.3
0.4
0.5
0.6
0.7
0.8
0.9
1.0
1
2
2A
3
3A
4
4A
5
6
6A
7
7A
8
9
10
11
12
13
13A
14
15
16
17
18
19
20
21
22
23
24
25
26
27
28
29
30
31
32
33
34
35
36
37
38
39
40
41
42
43
44
45
46
47
48
49
50
51
52
53

液体比热容共线图编号

编号	名称	温度范围/℃	编号	名称	温度范围/℃	编号	名称	温度范围/℃
1	溴乙烷	5～25	15	联苯	80～120	34	壬烷	－50～25
2	二硫化碳	－100～25	16	联苯醚	0～200	35	己烷	－80～20
2A	氟利昂-11	－20～70	16	联苯-联苯醚	0～200	36	乙醚	－100～25
3	四氯化碳	10～60	17	对二甲苯	0～100	37	戊醇	－50～25
3	过氯乙烯	30～40	18	间二甲苯	0～100	38	甘油	－40～20
3A	氟利昂-113	－20～70	19	邻二甲苯	0～100	39	乙二醇	－40～200
4	三氯甲烷	0～50	20	吡啶	－50～25	40	甲醇	－40～20
4A	氟利昂-21	－20～70	21	癸烷	－80～25	41	异戊醇	10～100
5	二氯甲烷	－40～50	22	二苯基甲烷	30～100	42	乙醇(100%)	30～80
6	氟利昂-12	－40～15	23	苯	10～80	43	异丁醇	0～100
6A	二氯乙烷	－30～60	23	甲苯	0～60	44	丁醇	0～100
7	碘乙烷	0～100	24	乙酸乙酯	－50～25	45	丙醇	－20～100
7A	氟利昂-22	－20～60	25	乙苯	0～100	46	乙醇(95%)	20～80
8	氯苯	0～100	26	乙酸戊酯	0～100	47	异丙醇	－20～50
9	硫酸(98%)	10～45	27	苯甲基醇	－20～30	48	盐酸(30%)	20～100
10	苯甲基氯	－20～30	28	庚烷	0～60	49	盐水(25% $CaCl_2$)	－40～20
11	二氧化硫	－20～100	29	乙酸	0～80	50	乙醇(50%)	20～80
12	硝基苯	0～100	30	苯胺	0～130	51	盐水(25% NaCl)	－40～20
13	氯乙烷	－30～40	31	异丙醚	－80～200	52	氨	－70～50
13A	氯甲烷	－80～20	32	丙酮	20～50	53	水	10～200
14	萘	90～200	33	辛烷	－50～25			

6. 液体汽化潜热共线图

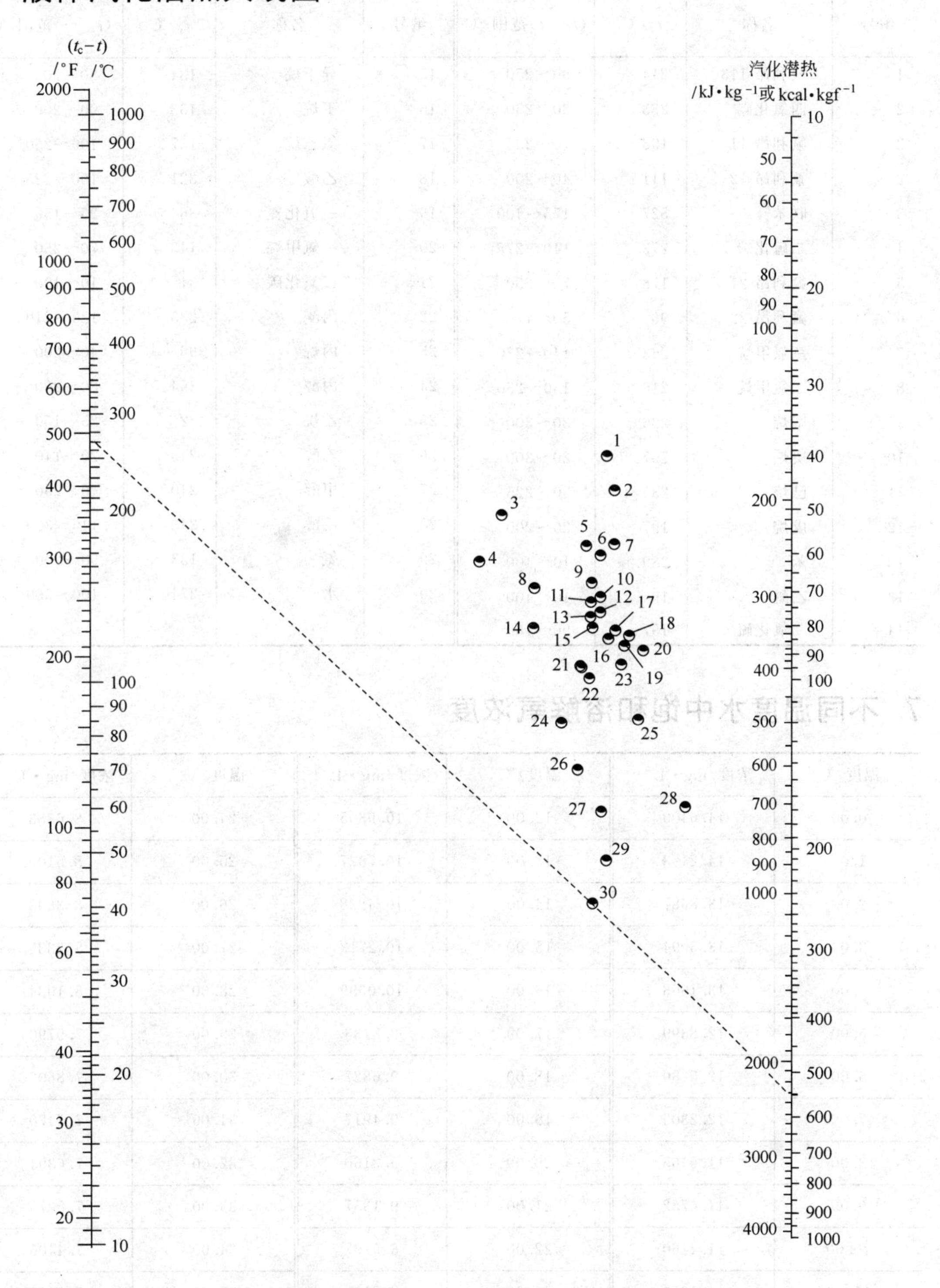

用法举例：求水在 $t=100$℃时的汽化潜热，从下表中查得水的编号为 30，又查得水的 $t_c=374$℃，故得 $t_c-t=374-100=274$℃，在共线图的（t_c-t）标尺上定出 274℃的点，与图中编号为 30 的圆圈中心点连一直线，延长到汽化潜热的标尺上，读出交点读数为 540kcal·kgf^{-1} 或 2260kJ·kg^{-1}。

液体汽化潜热共线图编号

编号	名称	t_c/℃	(t_c-t)范围/℃	编号	名称	t_c/℃	(t_c-t)范围/℃
1	氟利昂-113	214	90～250	15	异丁烷	134	80～200
2	四氯化碳	283	30～250	16	丁烷	153	90～200
2	氟利昂-11	198	70～225	17	氯乙烷	187	100～250
2	氟利昂-12	111	40～200	18	乙酸	321	100～225
3	联苯	527	175～400	19	一氧化氮	36	25～150
4	二硫化碳	273	140～275	20	一氯甲烷	143	70～250
5	氟利昂-21	178	70～250	21	二氧化碳	31	10～100
6	氟利昂-22	96	50～170	22	丙酮	235	120～210
7	三氯甲烷	263	140～270	23	丙烷	96	40～200
8	二氯甲烷	216	150～250	24	丙醇	264	20～200
9	辛烷	296	30～300	25	乙烷	32	25～150
10	庚烷	267	20～300	26	乙醇	243	20～140
11	己烷	235	50～225	27	甲醇	240	40～250
12	戊烷	197	20～200	28	乙醇	243	140～300
13	苯	289	10～400	29	氨	133	50～200
13	乙醚	194	10～400	30	水	374	100～500
14	二氧化硫	157	90～160				

7. 不同温度水中饱和溶解氧浓度

温度/℃	浓度/mg·L^{-1}	温度/℃	浓度/mg·L^{-1}	温度/℃	浓度/mg·L^{-1}
0.00	14.6400	12.00	10.9305	24.00	8.6583
1.00	14.2453	13.00	10.7027	25.00	8.5109
2.00	13.8687	14.00	10.4838	26.00	8.3693
3.00	13.5094	15.00	10.2713	27.00	8.2335
4.00	13.1668	16.00	10.0699	28.00	8.1034
5.00	12.8399	17.00	9.8733	29.00	7.9790
6.00	12.5280	18.00	9.6827	30.00	7.8602
7.00	12.2305	19.00	9.4917	31.00	7.7470
8.00	11.9465	20.00	9.3160	32.00	7.6394
9.00	11.6752	21.00	9.1357	33.00	7.5373
10.00	11.4160	22.00	8.9707	34.00	7.4406
11.00	11.1680	23.00	8.8116	35.00	7.3495

注：溶氧仪的使用说明：使用前先将溶氧仪预热20min，将待测液体在磁力搅拌器上缓慢搅拌，将溶氧仪的探头放入待测液中，液面高于探头的不锈钢段约5mm，待读数稳定后，记录氧浓度和水温度，测量完毕将探头放入海绵保存室（标定室），并保持湿润。

附录二　汽液平衡数据

1. 乙醇-水溶液汽液平衡数据

沸点/℃	液相组成/%		气相组成/%		沸点/℃	液相组成/%		气相组成/%	
	质量分数	摩尔分数	质量分数	摩尔分数		质量分数	摩尔分数	质量分数	摩尔分数
100	0	0	0	0	80.8	63.0	40.0	80.3	61.4
97.6	2.0	0.8	19.7	7.8	80.5	67.0	44.3	81.3	63.0
95.8	4.0	1.6	33.3	16.3	80.1	71.0	48.9	82.4	64.7
91.3	10.0	4.2	52.2	29.5	79.8	75.0	54.0	83.8	66.9
88.3	16.0	6.9	61.1	38.1	79.4	81.0	62.5	86.3	71.1
86.0	24.0	11.0	68.0	45.4	78.9	86.0	70.6	88.9	75.8
84.8	29.0	13.8	70.8	48.7	78.6	89.0	76.0	90.7	79.3
83.9	34.0	16.8	72.9	51.3	78.4	91.0	79.8	92.0	81.8
83.3	39.0	20.0	74.3	53.1	78.2	94.0	86.0	94.2	86.4
82.5	45.0	24.3	75.9	55.2	78.15	95.6	89.4	95.6	89.4
81.7	52.0	29.8	77.5	57.4			95.0		94.2
81.3	57.0	34.2	78.7	59.1	78.0	100.0	100.0	100.0	100.0

2. 乙醇-正丙醇的 t-x-y 关系

t	97.60	93.85	92.66	91.60	88.32	86.25	84.98	84.13	83.06	80.50	78.38
x	0	0.126	0.188	0.210	0.358	0.461	0.546	0.600	0.663	0.884	1.0
y	0	0.240	0.318	0.349	0.550	0.650	0.711	0.760	0.799	0.914	1.0

注：以乙醇摩尔分数表示，x—液相；y—气相。乙醇沸点 78.3℃；正丙醇沸点 97.2℃。

3. 乙醇-正丙醇溶液的折射率与液相浓度的关系

温度＼浓度 折射率	0	0.05052	0.09985	0.1974	0.2950	0.3977	0.4970	0.5990
25℃	1.3827	1.3815	1.3797	1.3770	1.3750	1.3730	1.3705	1.3680
30℃	1.3809	1.3796	1.3784	1.3759	1.3755	1.3712	1.3690	1.3668
35℃	1.3790	1.3775	1.3762	1.3740	1.3719	1.3692	1.3670	1.3650

温度＼浓度 折射率	0.6445	0.7101	0.7983	0.8442	0.9064	0.9509	1.000
25℃	1.3607	1.3658	1.3640	1.3628	1.3618	1.3606	1.3589
30℃	1.3657	1.3640	1.3620	1.3607	1.3593	1.3584	1.3574
35℃	1.3634	1.3620	1.3600	1.3590	1.3573	1.3653	1.3551

30℃下质量分数与阿贝折光仪读数之间关系也可按下列回归式计算：

$$W=58.844116-42.61325n_{D}$$

式中，W 为乙醇的质量分数；n_D 为折光仪读数（折射率）；通过质量分数求出摩尔分数（X_A），公式如下（乙醇相对分子质量 $M_A=46$；正丙醇相对分子质量 $M_B=60$）：

$$X_A=\frac{\left(\frac{W_A}{M_A}\right)}{\left(\frac{W_A}{M_A}\right)+\left[\frac{(1-W_A)}{M_B}\right]}$$

参 考 文 献

[1] 大连理工大学化工原理教研组．化工原理实验 [M]. 大连：大连理工大学出版社，2002.

[2] 韶晖，冷一欣．化工原理实验 [M]. 上海：华东理工大学出版社，2011.

[3] 史贤林，田恒水，张平．化工原理实验 [M]. 上海：华东理工大学出版社，2005.

[4] 程远贵．化工原理实验 [M]. 第 2 版．成都：四川大学出版社，2016.